国家社会科学基金项目"转基因技术风险的不确定性及其治理研究"（项目号：15CZX019）

GENETICALLY

转基因技术的
哲学审视

MODIFIED

陆群峰　著

中国社会科学出版社

图书在版编目(CIP)数据

转基因技术的哲学审视 / 陆群峰著. — 北京：中国社会科学出版社，2023.5
ISBN 978 – 7 – 5227 – 1463 – 9

Ⅰ. ①转…　Ⅱ. ①陆…　Ⅲ. ①转基因技术—技术哲学—研究　Ⅳ. ①Q785

中国国家版本馆 CIP 数据核字(2023)第 029012 号

出 版 人	赵剑英	
责任编辑	刘亚楠	
责任校对	张爱华	
责任印制	张雪娇	

出　　版	中国社会科学出版社	
社　　址	北京鼓楼西大街甲 158 号	
邮　　编	100720	
网　　址	http://www.csspw.cn	
发 行 部	010 – 84083685	
门 市 部	010 – 84029450	
经　　销	新华书店及其他书店	

印　　刷	北京君升印刷有限公司	
装　　订	廊坊市广阳区广增装订厂	
版　　次	2023 年 5 月第 1 版	
印　　次	2023 年 5 月第 1 次印刷	

开　　本	710 × 1000　1/16	
印　　张	13.5	
插　　页	2	
字　　数	233 千字	
定　　价	88.00 元	

序

转基因技术安全不安全？转基因技术的产物，如转基因水稻，是种还是不种，是吃还是不吃？这些都是关系千家万户的大问题，也是长期争论久拖不决的问题。

如何评价转基因技术？如何对待转基因产业科学家以及转基因风险评价专家对转基因技术的评价呢？转基因技术风险评价应该由转基因产业科学家进行，还是由转基因风险评价专家进行？单纯地依靠一方肯定不行，但是综合双方的评价似乎又很难。在这种"公说公有理，婆说婆有理"的情况下，我们究竟应该相信哪一方的科学家呢？似乎相信哪一方都不恰当，因为每一方的认识都是不确定的，都受到质疑。

如何摆脱这种"科学认识不确定且存在正反两方面争议结果"的困境？陆群峰博士在他的《转基因技术的哲学审视》一书中，为我们作了大胆的尝试。他从克克李（Keekok Lee）的《遗传学中的哲学与革命：深科学与深技术》（*Philosophy and Revolutions in Genetics：Deep Science and Deep Technology*，2003），以及《自然的和人工的：深科学与深技术之于环境哲学的意义》（*The Natural and The Artefactual：The Implications of Deep Science and Deep Technology for Environmental Philosophy*，1999）得到启发，基于亚里士多德的"四因说"，分析转基因技术的"质料因""形式因""动力因"和"目的因"，并比较它与其他生物育种技术的不同，得出转基因技术是一种更"深"的，从而是更具风险的技术。不仅如此，他还从海德格尔的"座架"理论出发，对转基因技术作了深入分析，认为转基因技术强逼自然，蕴藏着毁掉自然物种的危险。

这样的转基因技术风险的哲学研究，打破了转基因技术风险科学评价的僵局，展现了哲学研究在这一问题解决上的优势。这种优势就是，结合相关的哲学资源，对转基因技术的特征进行微观经验分析——技术哲学的经验转向，说明其所具有的本质特点，揭示其所具有的潜在风险，摆脱科学自身在这一问题上的认识困境。

不过，这样的摆脱是有限的。因为它只是揭示出转基因技术比传统生物育种技术具有更"深"的科学基础、更"深"的技术操作以及更"深"（更加人工性）的技术产物，蕴藏着更大的风险，而没有确定这样的更大的风险到底有多大，从而使得我们一定要去禁止转基因技术的开发及其应用。关于此，对转基因技术人工物的人工性（或者非自然性）进行考察，就显得非常必要了。陆群峰在本书的第二章，对此问题作了有益的探索。据我所知，这样的探索在国内还少有人进行，国际学术界眼下也没有一个定论，陆群峰这方面的探索具有创新性。

创新是有风险的，创新也是有限度的。在此，陆群峰虽然在本书中对转基因技术的本质特征以及非自然性作了分析，但是，这种分析没有给出转基因技术究竟具有多大的风险，从而使得人们能够对此做出"能"或"不能"应用的二元对立思维的判决；相反地，只能在肯定转基因技术应用有可能会造成风险的基础上，谨慎地决策以至谨慎地使用。这涉及转基因技术风险治理与决策。在本书第三章，陆群峰首先从技术的不确定、风险的社会放大、公众参与的缺席以及专家信任系统的丧失诸方面，阐述了后信任社会视域下转基因技术公信力存在危机；接着在第四章论述了转基因技术治理传统理路——技治主义存在的欠缺；第五章就第四章的"欠缺"，重新思考专家专长以及专家在转基因技术风险评价中的角色；第六、七章分别就公众和政府在转基因技术治理中的角色定位，作了系统阐述。

这样一来，就使得本书层次分明、结构完整，形成了一个从转基因技术本身特征的哲学分析，到转基因技术风险的哲学评价，再到转基因技术风险治理的哲学研究的完整闭环。

如果说从技术哲学经验转向的角度探讨转基因技术风险是本书的一大创新，那么从科学知识论、公众认识论等科学哲学层面，探讨专家、公众、政府在转基因技术治理中的角色定位，则是本书的第二个方面的特色。

在此，陆群峰充分吸收科学哲学以及科学技术论的相关知识，对专长知识和转基因技术的知识生产模式进行了分析，批判了"技治主义"和"科学例外论"，明确了专家应该做"诚实的代理人"，公众应该参与公民科学实践，政府应该采取预警原则，共同进行转基因技术治理。这是一条新的不同于传统的研究科学技术与公共政策的路线。传统的科学技术与公共政策研究，走的是实证性的管理学的道路，而现在走的是思辨性的哲学的道路。传统的管理学的路径更加适合于确定性的科学认识及其决策，而现在的哲学路径则更加适合于不确定的科学认识及其决策。因此，从科学哲学以及科学技术论的角度探讨转基因技术治理，在学理上具有合理性、在实践上具有启发性，充分发挥了哲学研究在该论题上的优越性。

陆群峰曾经跟随我攻读科学技术哲学硕士和博士学位，一直做着转基因技术哲学和决策的相关研究。现在，他把他的国家社科基金项目的结项成果进行出版，我想对于国内学界了解和理解转基因技术风险和治理的科学技术哲学分析路径应该有所帮助。统观全文，每个论题及其观点的确立，都是群峰在吸收他人相关研究成果的基础上，经过自己的严密论证完成的，从中可以体会到他对学术的坚守和谦逊，而这可以说是目前一些学人所缺乏的。

我总是嫌陆群峰视野不够开阔，论题不够拓展。现在想来，这样的评价也是苛求，因为我从他的现在这本书中分明感受到，也许正是他的这一"缺点"，造就了他对转基因技术风险与决策的科学技术哲学研究的"聚焦"，也才会有那么一点读这本书时的"会当凌绝顶，一览众山小"之感。

表扬归表扬。如果群峰能够在新的征程上扩展视野，锐意进取，将研究推进到科学哲学尤其是生物学哲学领域和生态学哲学领域，将触角延伸到新兴生物技术领域以及自然哲学领域，从科学哲学、技术哲学、自然哲学的角度研究生命科学技术的风险与决策，似乎更好。我们期待着！

肖显静

2022 年 7 月 28 日

目录

导　论

一　选题的缘起

罗托洛（Daniele Rotolo）等认为新兴技术具有彻底的新颖性（radical novelty）、相对较快的成长性（relatively fast growth）、一致性（coherence）、突出的影响力（prominent impact）、不确定性和模糊性（uncertainty and ambiguity）等显著特征。[①] 转基因技术作为一项新兴技术也呈现出了以上这些特征。自1983 年第一例转基因作物问世，1994 年美国食品和药品管理局批准了第一例转基因作物的产业化种植以来[②]，转基因技术快速发展，其产业化的势头似乎不可阻挡，产生了突出的影响力。但是，转基因技术由于可以跨越物种界限等具有彻底的新颖性，蕴含着不确定性风险，由此，人们对于这项技术的发展又具有非共识性。转基因技术的不确定性既体现在收益上，更体现在风险上。因此，针对转基因技术，在社会中出现了一轮又一轮的广泛争论，公众对转基因技术产生了质疑、忧虑，甚至恐惧。由此，探寻转基因技术风险不确定性的根源以及对转基因技术进行负责任的治理，就显得十分必要。

对转基因技术风险不确定性之原因的追问，关键是要回答转基因技术是一项什么样的技术？即转基因技术与传统育种技术或方式到底有无本质性差异？如果正如一些科学家所言，转基因技术只是传统育种技术的延续、提升，并无本质性差异。那么我们就无须对转基因技术的安全性产生额外的担忧、警惕。因为农作物的栽培史告诉我们，无论是农业社会的作物栽培，还是基

---

① Daniele Rotolo, Diana Hicks and Ben R. Martin, "What Is An Emerging Tehnology", *Research Policy*, Vol. 44, No. 10, 2015.

② Robert L. Parlberg, *The Politics of Precaution: Genetically Modified Crops in Developing Countries*, Baltimore and London: The JohnsHopkins University Press, 2001, p. 2.

于科学理论的杂交技术培育的农作物，所产生的风险都是可以承受的，即安全的。

当前，科学在认识转基因技术风险不确定性上存在局限性，未有定论。例如，对于转基因技术的环境风险，科学共同体存在着很大的分歧，远未达成共识。① 鉴此，笔者试图另辟蹊径，从本体论的视角——一种存在者的存在本身——对转基因技术进行一种内在性的哲学分析。"本体论研究的主要是'存在'问题，正因为如此，它有时也被称为'存在论'。"② 而在海德格尔（Martin Heidegger）看来，西方形而上学传统对存在的追问已经淡忘，从而导致本体论上的哲学贫困。③ 对此，他提出了关于技术的一种新的分析理路，从存在论上探讨技术本质。绍伊博尔德（Günter Seubold）也认为："只有从本体论的技术展现，从限定和强求出发，机器技术（全部新时代的技术手段）的基本的和决定性的东西才能被找到。"④ 因此，所谓哲学的技术转向，就要从存在论的层面来阐释技术、理解技术。⑤

何谓技术？关于技术的内涵有多种解释。米切姆（Carl Mitcham）认为技术有四种展现形式：作为知识的技术、作为活动的技术、作为意志的技术、作为物体（人工物）的技术，并给出了关于技术的分析框架（见图导-1）。⑥ 笔者吸收米切姆关于技术的此种思想，在转基因技术本质的哲学追问中，将着眼点落在作为技术人工物的转基因作物上。

图导-1

---

① 陆群峰、肖显静：《转基因作物环境风险争论综述》，《山东科技大学学报》（社会科学版）2009 年第 5 期。

② 江畅：《论本体论的性质及其重建》，《哲学研究》2002 年第 1 期。

③ 李三虎：《技术本体论：范式转换与政治建构——海德格尔的技术政治哲学思想》，《武汉理工大学学报》（社会科学版）2009 年第 2 期。

④ 毛萍：《从存在之思到"技术展现"——论海德格尔技术理论的本体论关联》，《科学技术与辩证法》2004 年第 3 期。

⑤ 吴国盛：《技术哲学讲演录》，中国人民大学出版社 2009 年版，第 159 页。

⑥ ［美］卡尔·米切姆：《通过技术思考：工程与哲学之间的道路》，陈凡等译，辽宁人民出版社 2008 年版，第 212—213 页。

当前对技术的批判性分析，主要涉及的是技术的外在价值，即社会影响，尤其是负面影响，"做的比较多的是技术社会学与技术伦理学"①，而缺少直接面向技术本身的研究。我们忽视了已被制造出来并与我们的生活、生产紧密相关的技术人工物本性的哲学反思。托马森（Amie L. Thomasson）认为："在最近的形而上学中，人工物的论述最显著的特点也许是它们的缺乏性。形而上学对于人工物所显示的问题不够充分关注已经导致了它自身重要的盲点。"② 霍克斯（Wybo Houkes）也认为："本体论和认识论是哲学最古老、最根本的两个分支。然而，长久以来人工物和技术很少成为这些领域探究的主题。"③ 但是，对技术人工物进行一种本体论上的审视，是非常重要的。只有追问技术人工物的本体论身份，揭开技术人工物内在的存在方式，才能找到技术人工物外在影响的根源。因此，对技术人工物外在社会效果的价值批判应该建立在对其本质的内在性分析基础之上。也就是说，对技术人工物的价值评价需要考察这样的价值产生的内在机理——功能。而技术人工物的功能分析则需要从内在进路（本体论上审视技术本身）出发，探析功能是怎么产生的——功能的设计是基于什么样的原则和目的论（设计者的意向性），功能的使用又与使用者的意向性有何关系，以及呈现出来的功能与其结构和其本身具有的"系统功能"又存在什么关系等，即要揭示功能的本质和属性，而不仅仅是关注功能的外在表现（价值判断）。因此，"技术哲学的研究，应当也是本体论和认识论的研究，在此基础上，才是价值论的研究"④。

现在，从本体论视域研究技术人工物缺乏，而且仅有的研究主要关注的是非生命类技术人工物，而涉及生命类技术人工物的本体论研究更是少见。实际上，不仅是非生命类自然在转变为人工的，而且生命类自然也在转变为人工的，例如转基因作物的培育等。而且，未来随着技术的进步，纳米技术、生物技术（转基因技术、基因编辑技术）、信息技术（大数据技术）、认知技

① 吴国盛：《技术哲学讲演录》，中国人民大学出版社 2009 年版，第 159 页。
② ［美］埃米尔·L. 托马森：《形而上学中的人工物》，载安东尼·梅耶斯《技术与工程科学哲学》（上），张培富等译，北京师范大学出版社 2015 年版，第 223 页。
③ ［荷兰］威伯·霍克斯：《人工物的本体论与认识论（导言）》，载安东尼·梅耶斯《技术与工程科学哲学》（上），张培富等译，北京师范大学出版社 2015 年版，第 219 页。
④ 吴国林：《论分析技术哲学的可能进路》，《中国社会科学》2016 年第 10 期。

术（人工智能技术）的融合、会聚将使人工生命的制造产生革命性的变化。在漫漫历史长河中，自然生命的进化是渐进的、缓慢的，是与环境协同作用的结果。但是，对于生命类人工物来讲，其进化是急剧的，而且不是与环境协同作用，而是人工干预下的单向度的进化，这就存在着物种本质发生改变的可能性。如此一来，这将可能对生物物种、自然界以及人类产生极其深远的影响。因此，开展生命类技术人工物的本体论研究似乎更具重要性。对此，本书将对作为生命类技术人工物的转基因作物进行本体论审视，以探清转基因技术的本质特征及其与传统育种技术的根本性差异，并且基于此，指出转基因技术风险不确定性的内在性原因。

不仅如此，笔者还发现，当前对技术人工物本体论研究还存在一个欠缺——几乎未见探讨技术人工物之间的本体论差异。亚里士多德（Aristotle）研究了自然物与制作物的本体论差异，他认为，前者由于自然而存在，后者由于其他原因而存在。贝克（Lynne Rudder Baker）认为人工物与自然物一样拥有本体论地位。① 今天，技术人工物构成了我们的生活世界，这些丰富多彩的技术人工物不仅与自然物具有本体论上的差异，而且我们还需要进一步思考的是：技术人工物之间是否存在着本体论差异？是什么构成了这样的差异？以及这样的差异与技术人工物外在的表现和影响有何关联？对此，本书在追问转基因作物本体论特征的基础上，将比较转基因作物与传统作物的本体论情况，以及分析它们的差异性及其与风险表现的关联性。

不可否认，转基因技术正面临着不可忽视的公信力危机，这固然与转基因技术本身的不确定性及其风险表现的不确定性有关。但是，这是否还与转基因技术治理模式的局限性有关呢？这值得进一步开展研究。对此，本书还将对转基因技术公信力危机的形成原因和本质、转基因技术治理的传统理路及其问题等进行深入分析，并在此基础上，结合转基因技术的本体论特征和转基因技术风险不确定性的根源，提出转基因技术的治理之道。

---

① Lynne Rudder Baker, "The Shrinking Difference Between Artifacts and Natural Objects", *American Philosophical Association Newsletter on Philosophy and Computers*, Vol. 7, No. 2, 2008.

二 研究思路和研究框架

（一）研究思路

本书的写作将分两步走：

第一步，主要是对转基因技术的本质进行哲学追问，具体的研究路径是：

第一，通过对转基因技术进行本体论审视，分析转基因技术的本质特征以及转基因技术风险不确定性的内在原因。在这个问题上的研究策略是，基于亚里士多德的"四因说"、海德格尔的"座架"理论、克克李（Keekok Lee）的"深"技术思想，比较分析人类作物培育史上的三种主要方式[①]：农业社会的作物栽培、杂交育种、转基因技术的特征[②]，并指出转基因技术与传统育种技术或方式具有本质性差异，以及转基因技术风险不确定性具有本体论上的内在原因。

第二，通过分析转基因作物与传统作物的本体论差异，指出正是不同技术人工物的本体论差异导致了其外在影响（风险）的差异性。笔者提出"非自然性"这一概念，来表征技术人工物远离自然的程度。而对于"非自然性"具体内涵的界定，则由追问"自然"的内涵得出。紧接着，将思考的问题是，如何分析转基因作物与传统作物的"非自然性"。通过解析克劳斯（Peter Kroes）和梅耶斯（Anthonie Meijers）提出的针对一般性技术人工物的"结构—功能"双重性理论的内涵，发现这一理论同样适合于对生命类技术人工物的解构，由此，笔者将提出技术人工物（包括生命类和非生命类）"非自然性"的内在性分析框架。在此基础上，再阐述为何"非自然性"构成了不同技术人工物之间的本体论差异。最后，将以环境风险为例，探讨转基因作物与传统作物的非自然性、不确定性与风险差异性之间的关系。

第二步，主要是探讨当前转基因技术治理的现状、问题，并提出相应对策，具体的研究路径是：

第一，概述转基因技术公信力危机的表现，并从"后信任社会"视域出

---

① 肖显静：《转基因技术本质特征的哲学分析》，《自然辩证法通讯》2012 年第 5 期。

② 在一些情况下，笔者将前两种作物培育方式统称为传统作物培育方式，由此培育的作物统称为传统作物，与转基因技术与转基因作物相比较。

发，具体考察转基因技术公信力危机的形成原因及其本质。

第二，分析转基因技术治理的传统理路——技治主义的基本特征，并从认识论、价值论、公众参与、不确定性风险预警等角度反思技治主义治理路径的失当性。在此基础上，提出变革转基因技术治理路径的对策。

第三，具体探讨如何推进转基因技术评价和决策范式的转变。一是基于柯林斯（Harry Collins）等人的专长理论，重新审视专长，分析如何才能促使专家专长在转基因技术治理中更好地彰显其理性价值；根据皮尔克（Roger A. Pielke，Jr.）提出的专家在技术治理中的四种角色理论，对专家在转基因技术治理中应该扮演的角色进行重新定位。二是概述公民科学（citizen science）的提出和内涵；从政治层面和知识论层面具体分析在转基因技术治理中走向"适度"公民科学的合理性。

第四，具体探讨如何推进转基因技术产业化政策范式的转变。首先，对预警原则的提出背景和过程进行梳理；结合巴雷特（Katherine Barrett）等学者对预警原则的解析，给出预警原则的核心内涵；在对桑斯坦（Cass R. Sunstein）等关于预警原则的批评进行批判性分析的基础上，参考斯蒂尔（Daniel Steel）等学者的思想，提出预警原则所蕴含的价值。其次，根据帕尔伯格（Robert L. Paarlberg）对转基因技术政策的分类思想，具体分析为何禁止式的、鼓励式的以及允许式的转基因技术政策是不合理的，以及走向以预警原则为核心指导理念的预警式转基因技术政策何以具有合理性。

（二）研究框架

根据以上的研究思路，本书除了导论和结语之外，主体部分由七章组成，分别为：第一章"转基因技术不确定性的本体论审视"；第二章"转基因技术'非自然性'的哲学分析"；第三章"后信任社会视域下的转基因技术公信力危机考察"；第四章"转基因技术治理的传统理路：问题与对策"；第五章"超越技治主义：重思专家专长和专家角色"；第六章"走向'适度'公民科学：科学的民主化和开放性"；第七章"预警原则：转基因技术治理的一个重要原则"。本书的整体框架参见图导-2。

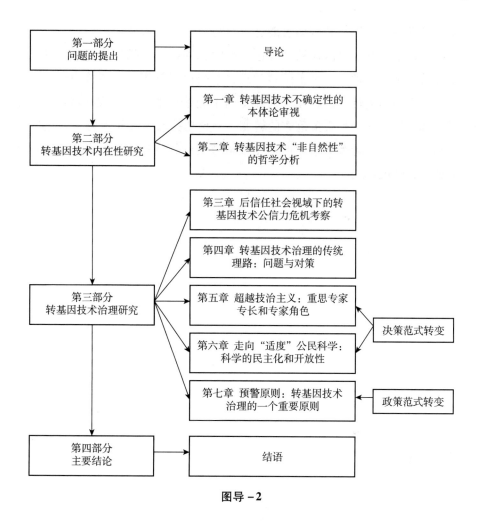

图导－2

三 本书的创新点

本书的创新点主要体现在以下三个方面：

第一，本书提出了转基因技术特征的分析应该从本体论视角对其进行一种内在性的哲学审视，才能分清转基因技术与传统育种技术的本质性差异，以及找到转基因技术风险不确定性的内在原因。

第二，本书提出了"非自然性"这一概念，以表征技术人工物（包括非生命类的和生命类的）的本体论特征和技术人工物之间的本体论差异，并以技术人工物"结构去内在规范性—功能去内在目的性"分析进路回答了技术人工物"非自然性"分析何以可能这一问题。

第三，本书基于后信任社会理论、科学例外论、专长理论、科学家角色理论、后常规科学理论、后学院科学理论、公民科学理论、预警原则等，对转基因技术治理进行了创新性研究并提出了变革技术治理模式的路径：一是推进转基因技术评价和决策范式的转变——超越技治主义和走向"适度"公民科学；二是推进转基因技术产业化政策范式的转变——从允许式政策模式走向预警式政策模式。

第一章　转基因技术不确定性的
本体论审视

如何才能从本体论上对转基因技术风险不确定性进行审视？对此，笔者采取的研究路径是，基于亚里士多德的"四因说"、海德格尔的"座架"理论、克克李的"深"技术思想，分析转基因技术的本质特征，并进而分清此项技术与传统育种技术的根本性差异，从而指出转基因技术的不确定性风险具有本体论上的内在原因。

一　转基因技术之亚里士多德"四因说"分析

亚里士多德说："我们只有在认识了它的本因、本原直至元素时，我们才认为是了解了这一事物了。"① 因此，要想真正认识事物的本质，就要追问其本原或原因。被早期的自然哲学家们称为"本原"的东西，亚里士多德称其"原因"，"一切原因都是本原"②。他认为："应当用所有这些原因——质料、形式、动力、目的——来回答'为什么'这个问题。"③ 由此，亚里士多德的"四因说"探讨的是每个事物的"为什么"，即事物之所以成为此种存在的缘由，"'四因说'是对事物'存在'的理解，属于'存在论'"④。在亚里士多德那里，不仅自然物，而且技术中同样也有"四因"存在⑤，所以他正是从本原出发，比较了自然物与制作物的"四因"，从而在一种本体论上区分了两者的本质性差异："凡存在的事物有的由于自然而存在，有的则是由于别的原

① ［古希腊］亚里士多德：《物理学》，张竹明译，商务印书馆1982年版，第15页。
② ［古希腊］亚里士多德：《形而上学》，苗力田译，中国人民大学出版社2003年版，第84页。
③ ［古希腊］亚里士多德：《物理学》，张竹明译，商务印书馆1982年版，第60页。
④ 王玉峰：《亚里士多德〈物理学〉中的"四因说"：从方法到存在》，《世界哲学》2012年第5期。
⑤ 王秀华、陈凡：《亚里士多德技术观考》，《科学技术与辩证法》2005年第4期。

因而存在。"①

自然物与制作物在"原因"——"四因"上是不同的，那么制作物之间的"四因"是否也有差异呢？笔者将沿着亚里士多德的思路，通过比较转基因作物与传统作物的"四因"（它是由什么构成的、它是什么、它是如何形成的、它的产生为了什么），在"本原"上获得对转基因技术的本质性认识：它是个什么样的存在？它如何存在的？它为什么存在？这样的存在意味着什么？

（一）质料因："制作"新的而非"选择"好的质料

构成事物根基的原因是质料因。亚里士多德这样定义质料因："事物所由产生的，并在事物内始终存在着的那东西。"② 可见，质料是具有具体形式的事物"是其所是"的载体，没有它，具体的事物就无法存在，就如无源之水、无本之木。那么转基因作物与传统作物的质料因有何不同呢？

不管是农业社会中凭借经验的试错法育种，还是基于科学理论的育种技术，都是在生物个体层面上进行的，其质料是源于自然界中的植物或已经被改良的作物。传统育种技术主要是从自然界中发现而不是发明"好"的质料，是选择而不是创造"新"的质料。如此的质料依旧具有"自然的"属性，保持着内在的、固有的本性（尽管在被人类干预的过程中，可能其内在的本性在减少，但是没有消失）。

而转基因技术不是在生物个体层面，而是在基因层面培育作物。其质料的一部分——如受体作物源于自然界的生物个体，具有较多的内在本性，但是也有一部分——如目标基因（功能基因）则是在基因层面上人为操作的产物。科学家为了获得蕴含某一特殊性质的功能基因，在实验室中通过技术的力量设计、组合甚至制造新的基因片段。如此的质料很大程度上是一种"发明"和"创造"，"是人类手工艺的产物，没有人类有意的干预，这样的基因材料是不会组合在一起的"③，而不是"自然的"内在的质料，它是"人工的"外在的质料，几乎没有自己的本性。这样的生命类人工物的质料与塑料玩具此种非生命类人工物的质料很相似。塑料是被技术合成的，与雕像中的

---

① ［古希腊］亚里士多德：《物理学》，张竹明译，商务印书馆 1982 年版，第 43—44 页。
② ［古希腊］亚里士多德：《物理学》，张竹明译，商务印书馆 1982 年版，第 50 页。
③ Keekok Lee, *The Natural and The Artefactual: The Implications of Deep Science and Deep Technology for Environmental Philosophy*, Lanham, Md.: Lexington Books, 1999, p. 53.

质料——石头（源于大自然中的实体）具有本质性的差异。质料没有了自我本性，而由其作为载体形成的转基因作物显然也具有更少的自我本性。

质料作为事物存在的物质性基础，与事物的形成、存在、演化紧密相关。"承受，即被运动乃是质料的特性，而运动，即动作则是另一种能力（这在由于技术和自然而生成的事物中都是很明显的）。"① 而质料之所以能够"承受"加在它之上的转变，具有"承受能力"，源于其内在的本性。② 传统作物的质料是源于自然界中的具有内在本性的生物个体，因此农业实践告诉我们其能承受生命的运行，具有稳定性。而在转基因作物的培育和种植中经常发生如基因沉默、基因丢失、基因飘移等现象，具有不确定性，这从一个侧面表明转基因作物的"非自然的"外在的质料具有较少的内在本性，未能承受生命的运行。

具有内在本性的质料是"在场的适合者"③。反之，如果一旦质料不是"在场的适合者"，就表明其内在本性的缺失。传统作物的质料凭借自然力完全可以"到场"，只不过在人类的干预下，其"到场"更快、更准。因此，这样的质料是符合生物内在倾向性的一种"到场"，依旧是一种"适合状态"，这表明传统作物的质料依旧具有较多的内在本性。但是转基因作物的质料是在促逼式的强逼和限定下的一种非自然的"到场"。转基因技术专家利用限制性核酸内切酶把目的基因从第一宿主中分离出来，使用连接酶将目的基因与载体连接起来形成重组质料，通过"基因扩增技术"克隆更多的重组 DNA 分子，再通过注射器、电子枪等运输车把外源性重组 DNA 导入第二宿主中。④ 可见，转基因作物的质料并不是由生物内在的倾向性而使之"到场"的，而是由人类通过"深"技术把其强行"带入场"的。因此，转基因作物的外在性质料不是符合生物本性的"在场的适合者"，不是一种"适合状态"。这就表明转基因作物具有较少的内在本性或几乎没有了内在本性。

由此可见，传统作物培育技术是在生物个体层面上从自然中寻找、发现、选择"好"的质料，是自然的搬运工，"人类没有像在分子基因工程中那样的

① 苗力田编：《亚里士多德全集》（第二卷），中国人民大学出版社 1991 年版，第 460 页。
② 夏保华：《亚里士多德的技术制作"四因说"思想》，《科学技术与辩证法》2005 年第 5 期。
③ 李章印：《对亚里士多德四因说的重新解读》，《哲学研究》2014 年第 6 期。
④ 肖显静：《转基因技术本质特征的哲学分析》，《自然辩证法通讯》2012 年第 5 期。

方式，去设计生物体的基因材料"①；而转基因技术是在分子层面上制造、发明、组合"新"的质料。如此，传统作物依旧主要是由具有内在本性的"自然的"（内在性）质料构成；而转基因作物的部分质料是"人工的"（外在的），几乎没有了内在的本性，而只有人类赋予的外在本性。这是转基因作物与传统作物在"质料因"上的一个根本性区别，而质料是构成事物的根基，因此这也是转基因作物与传统作物在"原因"上的一个本质性差异。

对于转基因作物和传统作物来讲，尽管其他的"三个因"都受到人类影响，是外在的，但是在两者中，内在的影响和外在的影响的"度"是有别的，即人的行为和意志在其中所起的作用不同，从而导致作物外在的原因、本性与价值的赋予量和内在的原因、本性和价值的剩余是不一样的，所以对此也有必要进行比较分析。

（二）形式因："创造"人工物种而非"改良"自然物种形式

塑造事物何以是的原因是形式因。亚里士多德说："形式或原型，亦即表述出本质的定义，以及它们的'类'，也是一种原因。"② 也就是说，"'形式'不是外观，而是指一切事物的本质定义，换言之'形式'乃是某种事物之所以是此种事物的根本条件，即事物的类本质"③。可以说，这里的"形式"与我们今天所讲的"形式"的指向是不同的。形式是质料（潜能）的现实化，是一事物是其所是的原因。而且在亚里士多德看来，形式重于质料，形式更昭示着"自然"（本性）。他说："自然乃是自身内具有运动根源的事物的形状或形式。质料和形式比较起来，还是把形式作为'自然'比较确当，因为任何事物都是在已经实际存在了时才被说成是该事物的，而不是在尚潜在着时就说它是该事物的。"④ 由此，"形式因"回答的是一个事物的"是什么"，一个事物只有获得了形式，才是真正的存在。作为制作物，转基因作物和传统作物的形式都不是完全内在的，而是人类从外在赋予的，那么两者的形式在本体论上是否具有差异呢？

---

① Keekok Lee, *The Natural and The Artefactual*: *The Implications of Deep Science and Deep Technology for Environmental Philosophy*, Lanham, Md.: Lexington Books, 1999, p. 53.
② ［古希腊］亚里士多德：《物理学》，张竹明译，商务印书馆1982年版，第50页。
③ 苗力田等：《西方哲学史新编》，人民出版社1990年版，第81页。
④ ［古希腊］亚里士多德：《物理学》，张竹明译，商务印书馆1982年版，第45—46页。

　　农业社会的育种方式没有科学理论的支撑，对作物遗传行为的原理没有解释力，对作物的进化也只能做出经验性的预测。因此，它对作物进化的控制力很弱，只能通过长时间的作物栽培来挑选、改良自然物种形式。杂交技术不再是纯粹凭借经验，而是基于孟德尔遗传学理论的育种。孟德尔遗传学不仅提出了在植物中存在着决定其性状的遗传因子[①]，而且发现了两条遗传规律——性状分离定律和自由组合定律。这就使得育种人员可以较为准确地预测后代显现亲代性状的情况。但是由于孟德尔遗传学不知道遗传因子的本质和运作机制，所以"它本身并没有对遗传行为发生的缘由给出一个结构上、物质上的合理解释，而只是对遗传行为给出了一个统计分析"[②]。可见，在孟德尔遗传学下，遗传因子只是一个抽象的存在，这就决定着杂交技术不可能在基因层面而只能依旧在有机体层面操控作物的遗传行为。因此，杂交技术对作物进化的干预依旧是一种"弱"控制。

　　尽管杂交技术育种人员利用孟德尔遗传学规律可以促使作物不断地进行杂交和自交，从而获得目标性的杂交优势，但是依旧需要考虑植物的内在倾向性，如必须遵循只有在相同物种的不同品种或是有很近的亲缘关系的物种间才能进行杂交这一自然规律。因此，杂交技术只是在利用作物自身的遗传行为，使得亲代们的"优势"性状更好地在子代中"集合"，从而培育出具有目标性状的作物。如此，杂交作物的性状更多是在遗传亲代的性状中实现的渐变性变异，而不是人为地制造突变来创造新性状。而且，杂交后代在继承亲代们的性状中充满着偶然性，"在 F1 代的种子自交时，雌雄配子的结合是随机的，在 F2 代中，究竟具有哪种性状也是偶然的"[③]。正是作物遗传行为自然选择的随机性，才使得遗传信息传递呈现平衡性，而不会产生激烈的指向性突变。这就使得育种人员不能完全按照人类的意图来精确地制造特定物种，而只能是基于自然物种形式进行缓慢的改良。从这个意义上讲，"通过杂交不能产生新的物种"[④]。可以说，杂交技术作为在促逼意义上解蔽的现代技术向自然提出的是，自然不情愿提供但依旧可以提供的东西，依然是在"发

---

　　① 1909 年丹麦植物学家约翰森用"基因"（gene）代替了"遗传因子"。

　　② Keekok Lee, *Philosophy and Revolutions in Genetics: Deep Science and Deep Technology*, New York: Palgrave Macmillan, 2003, p. 93.

　　③ 李浙生：《遗传学中的哲学问题》，中国社会科学出版社 2014 年版，第 63 页。

　　④ ［美］洛伊斯·N. 玛格纳：《生命科学史》，李难等译，上海人民出版社 2009 年版，第 320 页。

现"自然,其只是在改变植物进化的历程,提高其进化的效率。这对植物进化的影响依旧是较不精确的、缓慢的和非根本性的。如此,杂交作物的形式尽管是制作者按照其意志和目的,通过掌握的经验、知识和技术赋予的,但是其依然对自然物种内在的形式具有依赖性,依旧是在顺从自然的前提下模仿、改造自然,这只是对自然物种的一种改良,即作物的形式或形式的原形在自然界中也是可以找到的,依然具有较多的内在本性。杂交技术并没有导致自然物种在本体论上的终结。

分子遗传学超越了孟德尔遗传学对遗传现象的统计学分析。分子遗传学理论在分子层面上对作物的遗传行为提供了更深刻的认识,不仅认识到了基因是由 DNA 片段组成,而且认识到了基因的运行机制。因此,分子遗传学比孟德尔遗传学提供了更深刻的关于遗传现象的解释。[1] 解释力越强,对作物遗传行为的控制力也就越强。在分子遗传学理论的"强"还原性下,作物性状的所有表现型都可以还原为基因型。而转基因技术是由孟德尔遗传学作为理论支撑,如此一来,这就为其在基因层面而不是个体层面调控遗传行为提供了物质对象,也就为其定向性的创造遗传特征(目标性状)提供了可能。

转基因技术根据遗传信息的复制、转录和翻译机制——中心法则,可以去除不需要的基因(性状),加入需要的基因(性状),可以对作物的遗传行为进行更具针对性、选择性、精确性的操控。它可以突破自然进化的规律,不依据生物内在的运动倾向性,"从任何活的生物身上选取有用的基因,不管它原本属于哪个领域——病毒、细菌、动物或是人类——然后把这个基因插入植物体内"[2](例如科学家把比目鱼中抗冻的基因转到西红柿中而培育出抗冻西红柿),甚至可以把人工组合、制造的基因转入到目标作物中,从而培育出符合人类意志和目的的作物。如此,此种作物的一些新性状不是遗传亲代的结果,而是人为对其基因组进行定向修饰和重组而获得的目标性突变的结果。转基因作物的基因组允许其展现出它们的自然同类所不能够也不具有的行为方式和特征。[3] 可以说,转基因技术颠覆了"自然的秩序",改变了生物

① Sahotra Sarkar, *Genetics and Reductionism*, Cambridge: Cambridge University Press, 1998, p. 166.

② [法] R. A. B. 皮埃尔、法兰克·苏瑞特:《美丽的新种子——转基因作物对农民的威胁》,许云锴译,商务印书馆 2005 年版,第 48 页。

③ Keekok Lee, *Philosophy and Revolutions in Genetics: Deep Science and Deep Technology*, New York: Palgrave Macmillan, 2003, p. 154.

进化的方向，这对生物进化的影响是精确的、急剧的、根本性的。这样一来，转基因技术是在"创造"新的物种形式，而不是在"改良"自然物种，即这样的物种形式在自然界中是找不到的。作为人工物种的转基因作物的形式是人类赋予的，完全摆脱了自然物种原形的束缚。这样的人工物种不是自然进化的结果，也不是与自然合作的产物，而是"用技术条件替代了创造生命的条件，用人类制造生命的形式替代了自然进化的过程及生命进化形式"①。转基因作物不具有或几乎没有了内在的本性，"它们同自然形成的物种有着一个明显不同的存在论层次（ontological level）"②。从某种意义上讲，"作物不再是植物物种了，而是分子生产的单元"③，人工物种取代了自然物种，这就昭示着自然物种在本体论上的"冗余"（redundancy）和"被取代"（supersession）。

不仅如此，亚里士多德的形式因是"聚形"意义上的形式因，"聚形"既是一个事物的起始，又始终指定着该事物，并且总已指定了该事物，因而是一种起始和指定着的"始定"。④ 形式作为质料的现实化，转基因作物与传统作物在质料上的本质性差异，必然导致由其而成的形式的差异。而且两种作物在质料转化为形式的过程中人力（外在本性）与自然力（内在本性）的影响是不同的。与传统作物不同，转基因作物的"形式"主要不在其自身之中，而主要是外在的——人类通过技术赋予的，甚至可以不依据生物本身内在的任何力量。这明显不是基因——质料（潜能）的本性化的（自然而然的）形式（现实）的自然实现。

因此，从形式因上看，传统育种技术或方式只是在"改良"自然物种，传统作物的形式尽管是由育种人员外在赋予的，但是其对自然物种形式依然具有较多的依赖性，保留着较多的内在的本性，可以说，传统作物培育技术或方式改变的只是物种进化的历程，而且在这个过程中，人的因素不是绝对的和唯一的；但是转基因技术是在"创造"人工物种形式，摆脱了自然物种内在的形式，因而这样的物种形式是人工的、外在的，几乎丧失了固有的内在本性。

---

① Keekok Lee, *The Natural and The Artefactual：The Implications of Deep Science and Deep Technology for Environmental Philosophy*, Lanham, Md.：Lexington Books, 1999, p. 86.

② Keekok Lee, *The Natural and The Artefactual：The Implications of Deep Science and Deep Technology for Environmental Philosophy*, Lanham, Md.：Lexington Books, 1999, p. 85.

③ ［法］R. A. B. 皮埃尔、法兰克·苏瑞特：《美丽的新种子——转基因作物对农民的威胁》，许云错译，商务印书馆 2005 年版，第 88 页。

④ 李章印：《对亚里士多德四因说的重新解读》，《哲学研究》2014 年第 6 期。

（三）动力因：人力是"主导力"而非"助推力"

回答事物的运动源自何处的原因叫动力因。亚里士多德指出："变化或静止的最初源泉，一般地说就是那个使被动者运动的事物，引起变化着变化的事物。"① 因此，实际上所谓"动力因"其实指的就是启动或启动者，"动力因"其实就是"启动因"。②

与自然物不同，作为制作物的农作物的启动者，即引起其出现、存在、进化的源泉，除了自然力（内在的驱动力和外在的生态驱动力③）之外，还有一个重要的外在驱动力，即人力。这里的人力不是育种人员本身，而是育种人员的育种行为。也就是如海德格尔在分析银盘的产生中所指出的，实际上真正的动力因不是银匠本身而是银匠的行为——"考虑"（uberlegen），即"使……显露出来"。④ 在转基因作物与传统作物的产出之冲突中，正是育种人员的"考虑"这种招致方式，聚集了质料因、形式因、目的因三种招致方式，并且在这一过程中注入了自己的知识和劳动（技术），从而使得具体的作物被培育而达乎显露，成为具体的存在者而存在。

亚里士多德认为："创制的本原或者是心灵或理智，或者是技术，或者是某种潜能，它们都在创制者之中。"⑤ 但是，不同作物的制作者的身份是不同的。农业社会中的作物培育者是农民，工业社会中的作物培育者是传统育种专家，转基因作物的培育者是转基因专家。而且制作者的能力更是不同的，亚里士多德认为制作者之所以能成为事物的启动者在于他们具有理性能力，"如若不具备理性品质，创制也就不是技术，这种品质不存在，技术也就不存在。技术就是具有一种真正理性的创制品质"⑥。传统作物与转基因作物的制作者所基于的理论和知识背景不同，所采取的方法和技术（操作过程）也不同。在农业社会中，农民的技术制作能力主要来自实践，即凭借的主要是经

① ［古希腊］亚里士多德：《物理学》，张竹明译，商务印书馆1982年版，第50页。
② 李章印：《对亚里士多德四因说的重新解读》，《哲学研究》2014年第6期。
③ 内在的驱动力：指遗传的稳定与变异、生理的感应与反馈等的相互作用；外在的生态驱动力：指亚种群之间的生态位歧化、种内个体间的生存斗争、种间的军备竞赛、种间的协作演化等。参见谢平《进化理论之审读与重塑》，科学出版社2016年版，第233页。
④ ［德］海德格尔：《演讲与论文集》，孙周兴译，生活·读书·新知三联书店2005年版，第7—8页。
⑤ ［古希腊］亚里士多德：《形而上学》，苗力田译，中国人民大学出版社2003年版，第120页。
⑥ 苗力田编：《亚里士多德全集》（第八卷），中国人民大学出版社1992年版，第124页。

验性知识，运用的方法是试错法。传统育种专家和转基因育种专家尽管都有来自实践的经验知识，但是支撑他们完成制作任务的主要是研究、学习获得的理论性知识。而两者所依赖的理论和技术是不同的，传统育种专家，如杂交育种者，主要依据的是孟德尔遗传学以及由此而来的杂交技术；转基因育种专家依据的是分子生物学以及由此而产生的转基因技术。因此，由于育种人员理性能力的不同，人力（外在的驱动力）作为动力因在驱动作物成为目标作物的过程中，其所受到的限制就不同，其所扮演的角色、起到的作用也就有别。转基因作物与传统作物的制作者在构思的过程中所基于的原则（理念）也是不同的，前者是扮演上帝，做自然界所不能做的，是一种"创造"，"从生物世界的不同领域选取一部分，然后把它们像堆积木块一样组合到一起，从而创造出新的活体生物"①；而后者是模仿自然，做自然界也能做的，是自然的搬运工（从自然界挑选优良的品种进行培育），是一种"改造"。

亚里士多德说："运动中必然有三件事物：运动者、推动者和推动的工具。"② 也就是说，最终使得事物达到什么样的状态，以什么样的存在形式存在着，不仅受到被制作对象的质料的属性的限制，也受到作为事物运动、变化的启动者的制作者的意愿及其所拥有的知识和掌握的技术的限制。传统育种技术对自然的干预能力有限，育种人员未能为所欲为，不可能仅仅依据自身的"考虑"就可以驱动作物的任何运动，而是需要依赖作物内在的驱动力和生态驱动力等自然力的启动。亚里士多德指出："技术就是巧遇，正如阿伽松所说：技术依恋着巧遇，巧遇依恋着技术。"③ 对于传统作物来讲，人只是"巧遇的"协助者，没有人的干预，这种巧遇在自然界中凭借自然力也会发生；不过有了人的助推，发生的概率增加了，但是依然具有一定的随机性和偶然性，还保留着较多的自然因素和内在的本性。因此，在传统作物的培育中，育种人员凭借"考虑"在驱动作物运动变化的过程中，扮演着启动者的角色，但他们不是绝对的、完全的主导者。在这里作为动力因的人力只是一种"助推力"。

---

① ［法］R. A. B. 皮埃尔、法兰克·苏瑞特：《美丽的新种子——转基因作物对农民的威胁》，许云错译，商务印书馆 2005 年版，第 48 页。

② ［古希腊］亚里士多德：《物理学》，张竹明译，商务印书馆 1982 年版，第 241 页。

③ 苗力田编：《亚里士多德全集》（第八卷），中国人民大学出版社 1992 年版，第 124 页。

但是，"相比于古典的孟德尔基因理论，分子生物学提供了一个更深层次的理论性认识，这就致使产生了更加有力的技术（转基因技术）"①。因此，作为"深"技术的转基因技术为更加彻底地解构、改变、创造生命提供了可能性。转基因作物的培育可以摆脱对自然力的依赖，完全由外在的动力因（人力）来驱动，"我们在自然界中扮演着新的角色，是制作生命的工程师"②，甚至"创造新生命形式的过程中的精巧的干预，迄今为止都象征具有神一样的能力"③。如此，人类的主体性就发挥到了极致，可以随心所欲地驱动作物朝着人类需要而不是作物自身和自然需要的方向运动，"我们开始重新编制生物体的遗传密码，以适应文化和经济的种种需要或欲望"④。因此，在驱动转基因作物的运动、变化中，人力——育种人员的"考虑"不仅仅起着启动作用，而且有着主导作用。"在人类直接的操纵以及基因材料的跨物种重组下，分子基因理论、分子基因工程取代了传统的遗传行为。"⑤ 如此一来，转基因作物的这种"巧遇"已然完全是人为的安排，不是随机的和偶然的，而是既定的、必然的；在这里"巧遇"变成了"被安排的见面"，也就是说，完全凭借自然力，在自然界中是不会发生这种"巧遇"的。因此，在转基因作物的运动变化中，作为动力因的人力是一个"主导力"。

可见，在转基因作物和传统作物的培育实践中，育种人员的"考虑"所受到的限制是不一样的。首先，对于被运动物（被制作的对象）来讲，转基因作物的质料比传统作物具有更强的选择性和创造性，也就是说为制作物的完成提供了更丰富、更无限可能的素材，利于创造更多的作物形式；其次，对于运动者（制作者）和运动者借助的工具（技术手段）来讲，如前文所述转基因育种者拥有比传统育种者更"深"的科学技术，也就是说具有更强的拷问、改造、征服自然的能力。因此，这就导致两种育种技术

---

① Keekok Lee, *The Natural and The Artefactual：The Implications of Deep Science and Deep Technology for Environmental Philosophy*, Lanham, Md.：Lexington Books, 1999, p. 71.

② ［美］杰里米·里夫金：《生物技术世纪：用基因重塑世界》，付立杰等译，上海科技教育出版社2000年版，第15页。

③ ［美］费雷德里克·费雷：《技术哲学》，陈凡、朱春艳译，辽宁人民出版社2015年版，第121页。

④ ［美］杰里米·里夫金：《生物技术世纪：用基因重塑世界》，付立杰等译，上海科技教育出版社2000年版，第15页。

⑤ Keekok Lee, *The Natural and The Artefactual：The Implications of Deep Science and Deep Technology for Environmental Philosophy*, Lanham, Md.：Lexington Books, 1999, p. 54.

在具体的育种实践中，外在的动力因和内在的动力因实际发挥的影响明显不同。不仅如此，正是转基因作物与传统作物育种者的理性能力的不同，以及由此带来的两者育种方式所受到的限制性的不同，从而使得两种育种技术所"考虑"的出发点和依据的原则也是不同的：在转基因作物的培育中，育种人员（转基因专家）可以按照人类的意志造物而不顾自然的法则，可以完全满足人类的外在目的，而不用顾及作物内在的目的性；而在传统作物的培育中，育种人员不得不遵循生物界自身的自然法则，因此除了要考虑服务于人类的外在目的外，还不得不顾及作物自身的内在目的。所以，在转基因作物的制作过程中，育种人员的主体性意愿更加充分地体现了出来，而这种意愿越强，在"招致"事物的过程中就越需要外在动力因的驱动。

因此，越是具有高技术含量的生命类人工品，就越需要创造者的充分"考虑"。所以在作物的培育中，育种人员的"考虑"扮演着十分关键、重要的角色。而在转基因作物与传统作物的"显露"中，育种人员的"考虑"（动力因）及其所起到的作用是不同的。从动力因的角度来看，制作者是传统作物的启动者，但是由于其能力和技术的限制，导致在作物运动变化的过程中，事物的内在的驱动力和生态驱动力等自然力依旧是一个重要的、不可或缺的动力因，因而作为动力因的人力只是一种"助推力"；而转基因作物运动和变化的启动权和主导权几乎完全掌握在制作者手中，可以摆脱和忽视自然力的影响，因而作为动力因的人力成了一种"主导力"，"我们在自然界中扮演着新的角色，是制作生命的工程师，我们承担了二次'创世纪'的使命"[1]。可见，转基因作物与传统作物在动力因上具有本质性差异。

（四）目的因：外在的目的取代了内在的目的

亚里士多德认为构成事物的第四个原因是"为了什么目的"[2]，即目的因。目的因回答的是事物"何所为"。亚里士多德又把这个原因称为"是终结

① ［美］杰里米·里夫金：《生物技术世纪：用基因重塑世界》，付立杰等译，上海科技教育出版社2000年版，第15页。
② ［古希腊］亚里士多德：《物理学》，张竹明译，商务印书馆1982年版，第60页。

或目的"①，"'目的因'为'终结因'"②，"事物的终态是事物的最终存在状态，这种最终存在状态才恰恰是该事物之为该事物的开始"③。也就是说，只有一事物进入终态，达到新的稳定态后，在存在的意义上才是完善的，即其作为一个存在者的存在的价值才真正显现出来。作为"终态因"意义上的"目的因"其实是对某种东西的最终存在状态的描述和解释。④ 那么对于某一事物来说，为什么而完善，即达到一个新的稳定态是为了什么？亚里士多德的目的因要解决的正是一个事物作为存在者所存在的目的与价值。他认为自然物是依据自我的本性和目的而出现并开始了新的存在历程，即为自己而存在着。由此，他所指的万物有目的，实际上强调的是一种自然目的论。"'自然合目的性'由于并不需要设定一个外在于自然的'有理性者'（无论是有限的理性者——人，还是无限的理性者——神），因而是自然的内在的'合目的性'，是自然产品自身的'合目的性'。"⑤ 而在历史上，他的目的论被经院哲学和神学曲解式的继承。因此，"'目的论'遭到了许多哲学家们，如斯宾诺莎、康德等批判"⑥。实际上，亚里士多德在对自然物与制作物的比较中，指出自然存在的是内在目的性，这与制作物的外在目的性恰恰相反，因此其自然目的论（指的是一种内在的本性，即事物是其所是的内在倾向性）是自然中心主义的而不是人类中心主义的。从这个角度上看，今天亚里士多德的"四因说"对于我们区分自然物与人工制品在存在论上的差异，以及人工制品之间在存在论上的差异具有积极的启示意义。

自然物为了内在的、固有的（作物自身和自然的）目的而进入终态（达到一个新的稳定态），并开始作为一个新的存在者存在、进化，即其存在的价值和意义在自身之中。而制作物是制作者为了人类的、外在的目的而被有意识地制作。但是，需要指出的是，不同制作物内在目的的剩余是不同的，那么，对于转基因作物和传统作物来讲，它们到达一个新的稳定态而存在着是

① [古希腊]亚里士多德：《物理学》，张竹明译，商务印书馆1982年版，第50页。
② 叶秀山：《论康德"自然目的论"之意义》，《南京大学学报》（哲学·人文科学·社会科学）2011年第5期。
③ 李章印：《对亚里士多德四因说的重新解读》，《哲学研究》2014年第6期。
④ 李章印：《亚里士多德四因说的当代意义》，《河北学刊》2015年第6期。
⑤ 叶秀山：《论康德"自然目的论"之意义》，《南京大学学报》（哲学·人文科学·社会科学）2011年第5期。
⑥ 王玉峰：《亚里士多德〈物理学〉中的"四因说"：从方法到存在》，《世界哲学》2012年第5期。

为了什么目的，即内在目的和外在目的在其中的地位如何呢？或者说两者在内在目的的剩余上具有什么样的差异呢？

传统作物作为"被改造者"，其显现体现着人类的意志、意愿、需求和喜好，但是其也遵循着作物自身出现、存在和演化的内在倾向性与自然规律。例如，杂交水稻的存在一方面为了满足人类对于"高产"的需要这一外在的（人类的）目的，另一方面还需要考虑作物杂交的倾向性和环境的适应性等作物和自然的内在目的。传统作物依旧可以自主进化，"'自主'意味着生命现象的存在和进化都是以自身方式显现，这些方式既非靠外在力量获得，亦非人类的意愿能够改变"①。因此，传统育种技术对作物的绝对的自主性和独立性产生了破坏，但是这种破坏是有限的。传统作物在很大程度上仍然独立于人类而存在着，其内在的目的依旧剩余不少，没有被外在的、强加的目的所取代。可以说，传统作物的"到场"而作为一个新的存在者而存在着，既是为了人类，也为着其自身，保留着较多的内在本性。

但是相比于传统作物，转基因作物作为"被创造者"，其已然不是为了作物自身和自然的内在目的，而是为了人类的需要这一外在目的而存在着。例如正在研究的抗旱转基因水稻——已经忽略了水稻作为生存之内在本性所需的水；再例如抗虫转基因水稻的存在是为了自然的目的吗？显然不是，因为它会伤害位于生态系统食物链上的一些生物，其也是为了服务于人类而存在着。可见，"转基因作物的特征和机理也是被设计出来的"②，而基于的唯一标准是人类的需要和喜好，因而"生命存在的价值不再仅仅是展示自身，而在于其所包含的有用性特征，生命由此从原有的本真状态进入到一种可以被使用的操作状态"③。因此，转基因作物内在的、固有的目的在不断地减少，甚至正在被人工的、外在的、强加的目的所取代。

---

① 阎莉等：《转基因技术对生命自然存在方式的挑战》，《南京农业大学学报》（社会科学版）2013 年第 5 期。

② Keekok Lee, *The Natural and The Artefactual: The Implications of Deep Science and Deep Technology for Environmental Philosophy*, Lanham, Md.: Lexington Books, 1999, p. 85.

③ 阎莉等：《转基因技术对生命自然存在方式的挑战》，《南京农业大学学报》（社会科学版）2013 年第 5 期。

　　一些转基因作物还剩余一些内在的目的和自主性，例如它们在没有人类的照护下，也能自主存活下来、能自我繁殖；而另一些则基本上没有了内在的目的和自主性，例如终止子转基因作物，需要加入启动子才可以在第二年继续生长。作为一种生命，没有了人类的帮助连维持生命存在之基本也无法完成，"它们自身生长和维持的能力已经被人类霸占，从而去实现人类的目标"①。如此，这些转基因作物的自主性已经面临着根本性的危险，它们的存在和维持是人类意志和作用的结果；人类处于一个统治的位置，它们在人类面前是无助的、无力的。"这将使神圣与世俗的界限，生命内在价值和利用价值的界限统统消失，生命本身被降格为一种客观状态，没有任何可以区别于纯粹的机器的独特性或基本品质。"② 可以说，在这些转基因作物那里，"生命体仅仅是一种原材料，仅仅是一系列基因被集装起来而已，就如同我们组装机器人一样"③。这样的生命类人工品与雕像等非生命类人工一样——完全是因人类而产生，因人类而存在着，"它们除了供人类使用消费外，别无任何内在价值"④；而一旦地球上没有了人类，其也就没有了存在的意义。如此，转基因作物内在的目的已经被外在的目的所取代，它们简直就是一个外在、强加技术的化身，也就基本上丧失了内在的本性。

　　因此，转基因作物与传统作物为了什么样的目的而存在着明显有区别。传统作物的出场、存在主要在基于人类外在的目的的同时，还较多地顾及作物和自然固有的属性和需求，其内在的目的和价值依旧剩余不少；但是转基因作物的完善而达到新的稳定态几乎完全体现着人类的意志和意愿，其存在目的和意义几乎完全是人类赋予的，内在的、固有的目的已然在被外在的、人类的目的所取代。这是两者在目的因上的本质性差异。

　　通过以上分析可以看出，作为制作物的转基因作物与传统作物在"四因"上存在着本质性差异，参见表1-1。

　　① Keekok Lee, *The Natural and The Artefactual*：*The Implications of Deep Science and Deep Technology for Environmental Philosophy*, Lanham, Md.：Lexington Books, 1999, p.145.
　　② ［美］杰里米·里夫金：《生物技术世纪：用基因重塑世界》，付立杰等译，上海科技教育出版社2000年版，第46页。
　　③ ［法］R. A. B. 皮埃尔、法兰克·苏瑞特：《美丽的新种子——转基因作物对农民的威胁》，许云错译，商务印书馆2005年版，第12页。
　　④ 肖显静：《转基因技术本质特征的哲学分析》，《自然辩证法通讯》2012年第5期。

表1－1　比较转基因作物与传统作物的"四因"

作物类型\\原因	传统作物	转基因作物
质料因	"选择"好的质料； 源于自然界生物个体的内在性质料。	"制作"新的质料； 部分源于人工的外在性质料。
形式因	"改良"自然物种形式； 尽管形式因是外在的，但对自然物种内在的形式因有较多的依赖性。	"创造"人工物种形式； 摆脱了自然物种内在的形式因，而基于外在的形式因。
动力因	人力是"助推力"； 尽管启动作物变化的根据在于制作者中，但是作物和自然的内在的动力因依然具有不可或缺的重要作用。	人力是"主导力"： 启动作物变化的因素掌握在制作者手中，摆脱了作物和自然的内在动力因的影响。
目的因	在考虑人类需求和喜好的同时，也顾及作物和自然内在的属性和需求； 内在的、固有的目的依旧剩余不少。	只考虑人类的意志和意愿，而不顾及作物和自然的目的和价值； 内在的、固有的目的基本已被外在的、人类的目的所取代。

　　而由于"四因或者说四种招致方式的共同聚合'制作'了物，使物'达乎显露'"①。"'四因说'是亚里士多德为理解万事万物产生发展过程及'始基'（即终极原因）所创造的理论。"② 因此，转基因作物与传统作物"四因"的不同将昭示的是两者在"存在之因"和"本性"上的不同：尽管两者存在的"原因"在于制作者中，但是在传统作物中内在的"原因"依然不少，内在的、固有的本性依旧剩余不少，而在转基因作物中内在的"原因"很少或者几乎没有，内在的、固有的本性所剩无几，甚至没有了。因此，从"四因说"的角度看，转基因作物与传统作物具有本质性差异，转基因技术比传统育种技术蕴含着更大的不确定性风险具有本体论上的原因。

――――――――――

　　①　陈治国：《论海德格尔的"四重体"观念与亚里士多德的四因说》，《自然辩证法研究》2012年第5期。

　　②　王秀华、陈凡：《亚里士多德技术观考》，《科学技术与辩证法》2005年第4期。

二 转基因技术的"强"促逼、"硬"座架特征分析

20 世纪 30 年代之后，海德格尔对现代技术的发展、应用所带来的影响给予了特别的关注，其对于生活在喧嚣的技术时代的人们对存在本身的遗忘表达了极大的忧虑。海德格尔投入了很大的精力去追问技术的本质，以思考技术时代我们何以能诗意的栖居。今天的技术相比于海德格尔时期，对自然和社会的促逼、摆置、订造更有力。而且，现在人们已处于一种对其技术造物有着极端甚至病态依赖性的境地。[①] 因此，作为生活在技术世界中的我们，不能不对新技术的本质进行追问，否则就会陷入胡塞尔所说的近代科学忘却了生活世界而带来危机的境地，导致人类的生存本身面临新的危机。

海德格尔追问技术本质的进路无疑具有非常重要的启示意义。鉴此，笔者将沿着海德格尔的技术之思，通过比较转基因技术与传统育种技术的解蔽方式、座架特征[②]，来探析转基因技术不同于传统育种技术的本质特征。

（一）转基因技术是一种"强"促逼式的解蔽

1. 技术不仅仅是手段和工具，更是一种解蔽方式

海德格尔认为，通常人们把技术看作一种合目的的手段和一种人类行为，即可以被叫作工具的（人为实现某种目的而使用的工具）和人类学的（为人所发明、使用和控制）规定。在这种对技术的认识下，人与技术的关系："一切都将取决于以得当的方式使用作为手段的技术。正如人们所言，我们要'在精神上操纵'技术。我们要控制技术。技术愈是有脱离于人类的统治的危险，对技术的控制意愿就愈加迫切。"[③] 在海德格尔看来，这种认识并不是完全没有道理，但是其没有认识到现代技术不同于前现代技术的本

[①] ［美］兰登·温纳：《自主性技术——作为政治思想主题的失控技术》，杨海燕译，北京大学出版社 2014 年版，第 164 页。

[②] 现代技术的本质是座架，因此本书比较的是作为现代技术的杂交技术和转基因技术的座架特征。

[③] ［德］海德格尔：《演讲与论文集》，孙周兴译，生活·读书·新知三联书店 2005 年版，第 5 页。

质。对此，海德格尔进一步追问："假如技术并不是一个简单的手段，那么这种要控制技术的意志又是怎么回事呢?"① 因此，海德格尔认为，不是现代人在控制现代技术，反过来是现代技术控制了现代人。② 如果我们把技术当作某种中性的东西，我们就是最恶劣地听任于技术摆布了；因为这种观念虽然是现在人们特别愿意采纳的，但是它尤其使得我们对技术之本质盲然无知。③

我们所谓的"原因"是招致（Verschulden）另一个东西的那个东西。④ 根据亚里士多德的思想，共有四种招致事物的方式，即四因说。"四种招致方式把某物带入显现之中，它们使某物进入在场后出现。"⑤ "招致具有这种进入到达的起动的特征。在这种起动的意义上，招致就是引发（Ver-an-las-sen）。"⑥ "四种引发方式一体地为一种带来（bringen）所贯通，这种带来把在场者带入显露中。这种带来是什么，柏拉图（Plato）《会饮篇》有一句话告诉了我们：对总是从不在场者向在场者过度和发生的东西来说，每一种引发都是产出（带出）。"⑦ "不仅手工制品，不仅艺术创作的使……显露和使……进入图像是一种产出，自然从自身中涌现出来，也是一种产出。"⑧ 但是，不同之处在于，自然物产出之显突在于自身之中，而制作物产出之显突不在于其自身，而在于一个他者中，即制作者中。"产出从遮蔽状态而来进入无蔽状态中而带出。这种到来基于并且回荡于我们所谓的解蔽（das Entbergen）。"⑨ 海德格尔指出，在质料因、形式因、动力因、目的因四种招致方式的引发下，不管是自然从自身中涌现还是人工制品的显露都是一种产出——从遮蔽状态而来进入无蔽状态的解蔽。因此，他认为技术不仅仅是手段和工具，而是一

① ［德］海德格尔：《演讲与论文集》，孙周兴译，生活·读书·新知三联书店2005年版，第5页。
② 刘大椿、刘永谋：《思想的攻防——另类科学哲学的兴起和演化》，中国人民大学出版社2010年版，第33页。
③ ［德］海德格尔：《演讲与论文集》，孙周兴译，生活·读书·新知三联书店2005年版，第3页。
④ ［德］海德格尔：《演讲与论文集》，孙周兴译，生活·读书·新知三联书店2005年版，第7页。
⑤ ［德］海德格尔：《演讲与论文集》，孙周兴译，生活·读书·新知三联书店2005年版，第8页。
⑥ ［德］海德格尔：《演讲与论文集》，孙周兴译，生活·读书·新知三联书店2005年版，第8页。
⑦ ［德］海德格尔：《演讲与论文集》，孙周兴译，生活·读书·新知三联书店2005年版，第9页。
⑧ ［德］海德格尔：《演讲与论文集》，孙周兴译，生活·读书·新知三联书店2005年版，第9页。
⑨ 希腊人以"无蔽"一词来表示这种解蔽。罗马人以"真理"一词来翻译希腊人的"无蔽"。我们则"真理"（Wahrheit），并且通常把它理解为表象的正确性。参见［德］海德格尔《演讲与论文集》，孙周兴译，生活·读书·新知三联书店2005年版，第10页。

种解蔽方式，而前现代技术与现代技术的解蔽方式是不一样的。①

农业社会的农民凭借经验的试错法育种是一种"耕作"（bestellen）。"'耕作'意味着：关心和照料。农民的所作所为并不是促逼（Herausfordern）耕地。在播种时，它把种子交给生长之力，并且守护着种子的发育。"② 这种育种方式是守护性的，尊重自然、顺从自然、依赖自然、保护自然，并与自然为友，接受自然的恩惠，属于前现代技术范畴。农业社会的育种方式的解蔽是把自身展开于产出意义上（即在一定程度上依旧凭借自然物自身的涌现）的产出，是一种"'poiesis'意义上的'带出'"③。而作为现代技术的杂交技术、转基因技术与农业社会的育种方式的解蔽具有本质性的差异，"在现代技术中起支配作用的解蔽乃是一种促逼"④。现代农业育种技术把自然当作了工具和可被利用的对象，摆置（stellen）和订造（bestellen）自然，提出蛮横的要求，这是一种在挑战、挑衅、挑起自然意义上的解蔽。尽管与杂交技术一样都是促逼式的解蔽，但是转基因技术的解蔽方式具有特殊性。

2. 更精确的谋算与更有力的摆置

"人类的订造行为首先表现在现代精密自然科学的出现中。精密自然科学的表象方式把自然当作一个可计算的力之关联体来加以追逐。"⑤ 在现代技术的解蔽中，一切存在者都成为可被预测、计算的东西，"自然就表现为一个可计算的力之作用联系"⑥。相比于杂交技术，转基因技术可以对作物进行更加详细的研究、计划和谋算。精确的谋算依赖于进步的技术，而其根源在于先进的理论。分子生物学是比孟德尔遗传学更"深"的理论，这就使得其认识的深度和广度达到了强所未有的程度，能在更为微观、深处解释、预测生命的运行，从而为其对作物进行更加精确的谋算提供了可能。转基因技术可以根据市场的需要和消费者的偏好，对转基因作物进行完美的设计，"把一切存在者带入一种可计算行为之中，这种计算行为在并不需要数字的地方，统治得最为顽强"⑦。

---

① ［德］海德格尔：《演讲与论文集》，孙周兴译，生活·读书·新知三联书店 2005 年版，第 8—10 页。

② ［德］海德格尔：《演讲与论文集》，孙周兴译，生活·读书·新知三联书店 2005 年版，第 13 页。

③ 吴国盛：《海德格尔的技术之思》，《求是学刊》2004 年第 6 期。

④ ［德］海德格尔：《演讲与论文集》，孙周兴译，生活·读书·新知三联书店 2005 年版，第 12 页。

⑤ ［德］海德格尔：《演讲与论文集》，孙周兴译，生活·读书·新知三联书店 2005 年版，第 20 页。

⑥ ［德］海德格尔：《演讲与论文集》，孙周兴译，生活·读书·新知三联书店 2005 年版，第 26 页。

⑦ ［德］海德格尔：《林中路》，孙周兴译，上海译文出版社 2004 年版，第 306 页。

　　相比于杂交技术，转基因技术正以一种史无前例的方式对作物加以展现。杂交技术是在生物个体层面上干预生命的运行，并没有从本质上改变生命的机理。而转基因技术是在生命的最深处，即在基因层面上干预生命的运行，改变了生命的本质。杂交技术是以"做"（doing）的方式改良目标作物。这是一种培育性技术，是在"发现"意义上对自然进行摆置。而转基因技术是以"制作"（making）的方式创造目标作物。这是一种构造性技术，是在"发明"意义上对自然的摆置。杂交技术向自然提出的要求有点蛮横，但是还在自然可以承受的范围之内，即尽管其不愿提供，但是其依然可以提供的，不是让其做自身所不能做的事情。例如，杂交技术所培育的作物在自然界中也是有可能产生的，只不过产生的概率较小，而育种人员的干预，使得这种结合的速度、精确性、指向性显著提升。因此，杂交技术是以与自然合作的方式协助自然更快更好地产出它凭借自身就能产出的东西；而转基因技术则极其蛮横地提出了自然本身所不能自然而然提供的东西，让其做自身所不能做的事情。转基因技术可以完全基于人类外在的标准而不顾作物的本性和内在的倾向性等自然状态下的本真面貌，设计、摆置和订造作物。例如，为了满足人类对西红柿的易于运输和贮藏而培育出了抗冻西红柿。这样的西红柿是不可能完全凭借自然力进化产生的。由此，转基因技术不是在与自然合作，而是在逼迫自然产出它凭借自身的力量所不能产出的东西。因此，转基因技术比杂交技术具有更强的对自然物种的摆置力。

　　可以说，转基因技术的要害就在于设计（谋划）。这种过分的、刻意的设计，显然对于人类来说太过完美了。在这里我们需要思考的是：想计算、能计算、可计算自然，就一定是符合真理的发生方式吗？在谋算之前是有个预设的，即预设自然是简单的、可被认识的、可被谋算的。而实际呢？并非如此，自然是复杂的、神秘的、难以驾驭的。因此，恰恰在貌似精确的谋算之下进行的强有力的摆置实际上蕴含着风险。"自然的可预测性被冒充为世界秘密的唯一的钥匙……可预测的自然作为被认为是真的世界夺取了人的全部努力，并把人的想象僵化成单纯估计的思想。"①

---

　　① 参见［德］冈特·绍伊博尔德《海德格尔分析新时代的科技》，宋祖良译，中国社会科学出版社1993年版，第62页。

3. 更能压榨、耗尽自然物种

技术是一种展现方式，是在以一种前所未有的方式对事物、自然以及人本身加以展现。"新时代以前的人把事物还看作自然、地球、神灵们的礼物，或看作是上帝启示以赐福人类。"① 而在新时代，自然也被看作使用、利用、压榨的对象。在强有力的技术意志下，自然逐渐去神秘化和去神圣性。一切存在者都在被物质化，成为可被订造之物。正如海德格尔在《诗人何为?》中说："由于这个技术的意志，一切东西在事先因此也在事后都不可阻挡地变成贯彻着的生产的物质。地球及其环境变成原料，人变成人力物质，被用于预先规定的目的。"② 一切的自然存在者都在被功能化，自然存在的意义不在于其本身，而在于被对象化的表象中。

事物被制造出来是为了使用，使用的目的是耗尽，耗尽是为了替代，因此"作为单纯的被利用对象，被制造的物中的持续的东西乃是替代品（Ersatz）"③。技术本质上也是为了被替代，"凡存在者过少存在之处——而且对自我提高的求意志的意志来说，一切总是越为越不够——技术就不得不来帮忙，不得不创造替代品，消耗原料。但事实上，'替代品'和替代物的大量生产并不是一个暂时的应急措施，而是一个唯一可能的形式，是求意志的意志（它是对规划秩序的'完全'保障）保持运行、因而'本身'能够作为万物的'主体'而存在的唯一的可能方式"④。例如，我们感觉杂交技术不够用了，就发明了转基因技术，这是在不断地耗尽和替代中前行，这是技术时代的特征。"新时代技术的一个基本特征是不断增长地使用和消费任何种类的存在者。不断增长地消费'原料'完全是新时代技术的一个根本的原则，自然的原料不仅被利用，而且系统地被耗尽。"⑤ 但是我们显然没有反思，旧技术的抛弃、新技术的应用，旧产品的淘汰、新产品的生产，到底为了什么，又

---

① ［德］冈特·绍伊博尔德：《海德格尔分析新时代的科技》，宋祖良译，中国社会科学出版社 1993 年版，第 72 页。

② 参见［德］冈特·绍伊博尔德《海德格尔分析新时代的科技》，宋祖良译，中国社会科学出版社 1993 年版，第 35 页。

③ ［德］海德格尔：《林中路》，孙周兴译，上海译文出版社 2004 年版，第 322 页。

④ ［德］海德格尔：《演讲与论文集》，孙周兴译，生活·读书·新知三联书店 2005 年版，第 98—99 页。

⑤ ［德］冈特·绍伊博尔德：《海德格尔分析新时代的科技》，宋祖良译，中国社会科学出版社 1993 年版，第 69 页。

意味着什么？如此循环下去将发生什么？

非常肯定的是，随着技术的进步，技术越来越"深"，例如从农业社会的作物栽培到杂交技术，再到转基因技术的演变。作为"深"技术的转基因技术更能谋算和摆置自然物种，从修改生命转变为创造生命。这是在以前所未有的深度和精度重塑自然物种，迫使自然物种离开原有的自然状态，使其以一种史无前例的非自然状态和高人工性层次存在着。这种更彻底、更蛮横地干预自然，必将从根本上伤害自然的存在论价值。

在技术意志下，自然显然已被物质化、功能化，被看作没有了内在的、精神的价值，而只有外在的、物质的价值的无自主性的非主体性存在；自然成为被压榨的对象，成为人类所需物质和能量的提供者。如此，在现代技术的促逼、摆置下，"新时代的人与自然的关系已在性质上，在方式和风格上发生了变化"①。海德格尔认为我们在对待自然的态度上有两种做法："一种做法是一味地利用大地，另一种做法则是领受大地的恩赐，并且去熟悉这种领受的法则，为的是保护存在之神秘，照顾可能之物的不可侵犯性。"② 农业社会的作物栽培显然是第二种情况，而杂交技术尽管是在利用自然，但是其依旧具有一定的守护性，遵循着生物进化的规律，关心着事物内在的生命倾向性需求；而转基因技术纯粹是第一种情况，它不再满足于接受自然的恩典，开始打破自然法则，侵犯一切的存在，竭力揭开一切存在（包括生命存在）的秘密，逼迫自然交出别无他寻的物质和能量，就是为了人类无限制的需求，"从某种符合技术需要的方向上定位某物、取用某物和占有某物，而不必过问、照顾和遵循某物原初状态、真实状态"③。因此，相比于杂交技术，转基因技术通过更加有力的手段在拷问、挑起、促逼、谋算、摆置自然，这是在挖掘、利用、耗尽自然的一切。

可见，同样作为现代技术的传统育种技术与转基因技术的解蔽也是存在差异的：一是两者干预自然的深度不同，向自然提出蛮横的要求不一样；

① ［德］冈特·绍伊博尔德：《海德格尔分析新时代的科技》，宋祖良译，中国社会科学出版社1993年版，第56页。

② ［德］海德格尔：《演讲与论文集》，孙周兴译，生活·读书·新知三联书店2005年版，第101—102页。

③ 刘大椿、刘永谋：《思想的攻防——另类科学哲学的兴起和演化》，中国人民大学出版社2010年版，第34页。

二是促逼自然的方式和性质不一样；三是解蔽的结果——持存物的自然本性不一样。

因此，相比于杂交技术，转基因技术的解蔽具有"强"促逼的特征，它正在从本体论上干预自然物种，也正在更加明显地改变人与自然的关系。

（二）转基因技术的"硬座架"本质

海德格尔认为现代技术的本质是座架（das Ge-stell）。座架不是什么技术因素，也不是什么机械类的东西，它乃是现实事物作为持存物而自行解蔽的方式；是那种摆置的聚集，反映着那种促逼着的要求，那种把人聚集起来、使之去订造作为持存物的自行解蔽者的要求。① 那么相比于杂交技术，转基因技术的座架具有什么新特征呢？

1. 使更具限定、强制的订造成为可能

人在贯彻技术意志中，把一切存在都看成了制造的材料，可以被订造的对象，对物之物性不再顾及。"人在自然不足以应付人的表象之处，就订造（bestellen）自然。人在缺乏新事物之处，就制造（Her-stellen）新事物。人在事物搅乱他之处，就改造（umstellen）事物。人在事物使他偏离他的意图之处，就调整（verstellen）事物。"② 如此，在技术展现中，技术不是工具，而是世界构造。人类需要的任何事物都可以通过命令式的强制而被"构造"出来。"技术统治之对象事物愈来愈快，愈来愈无所顾忌，愈来愈完满地推行于全球，取代了昔日可见的世事所约定俗成的一切。"③ 在目前转基因作物的培育、转基因食品的加工中，正体现着这种强大的技术意志的贯彻和统治。杂交技术只能满足人类对于提高产量的需要而订造作物。而转基因技术显然超越了这一范围，在理论上可以满足人类的任何需要而随心所欲地订造作物，例如为了改善儿童维生素 A 缺乏而导致的失明，订造出了富含贝塔胡萝卜素的转基因稻米；为了减少杀虫剂的使用，订造出了转基因抗虫棉；为了保护知识产权和控制种子，订造出了终止子技术作物；为了增长水稻的适应性，可以订造耐盐碱、抗旱转基因水稻；等等。

---

① ［德］海德格尔：《演讲与论文集》，孙周兴译，生活·读书·新知三联书店 2005 年版，第 18、23 页。

② ［德］海德格尔：《林中路》，孙周兴译，上海译文出版社 2004 年版，第 301—302 页。

③ ［德］海德格尔：《林中路》，孙周兴译，上海译文出版社 2004 年版，第 306 页。

转基因技术对自然物种的摆置，是由为了有所订造的生产（作物种植）所推动，而这种生产被人们日益膨胀的需求所订造，而不断提高的新的需求又促逼着新的技术的革新和对自然的更强的摆置并订造新的作物。因此，在技术的发展和创新中，发生着这样的逻辑：需求强制引起生产强制，又推动着技术进步强制。转基因作物被转基因食品所促逼，转基因食品摆置着消费者的需求使之去购买、食用这些食物，从而成为一种被订造的消费安排所订造。如此，"耕作农业成了机械化的食物工业"①。

在限定性和强制性的订造下，一切存在者都成了技术意志的"无条件的被统治者"。"把世界有意地制造出来的这样一种无条件自身贯彻的活动，被无条件地设置到人的命令的状态中去，这是从技术的隐蔽本质中出现的过程。"②"在那为了好收成向超尘世的力量献上一祭品的地方，在那地球本身还被崇敬为母亲的地方，在那地球是神的产物的地方，绝不能产生纯统治方式的联系"③，可是技术之统治之手伸向了一切存在者。作为具有突破性的转基因技术，在不断扮演着上帝的角色，把作物看成了可生产的、加工的对象，"从而自始就把一个从等级和出于存在的承认而来的可能渊源的领域破坏掉了"④。转基因技术用人类制造的生命形式替代生命的自然进化形式，如此，相比于杂交技术，强有力的转基因技术就可以基于特定的外在目的，而限定地、强制地订造任何性状的作物。

2. 座架更加牢牢地控制着作为持存物的自然物种

通过转基因技术"强"促逼着的摆置而创造的转基因作物是以何种状态的无蔽方式而存在的呢？这般被订造的存在物具有特有的站立（Ste-hen）——在场方式，海德格尔称之为持存（Bestand），即处处被订造而立即到场，而且是为了本身能为一种进一步的订造所订造而到场的。⑤例如，转基因大豆是为制作大豆油而被订造而到场的。在持存意义上，转基因作物不再作为对象与我们相对而立，也绝对不是独立的，因为它只有从可订造之物的

---

① ［德］海德格尔：《演讲与论文集》，孙周兴译，生活·读书·新知三联书店 2005 年版，第 13 页。

② ［德］海德格尔：《林中路》，孙周兴译，上海译文出版社 2004 年版，第 303 页。

③ ［德］冈特·绍伊博尔德：《海德格尔分析新时代的科技》，宋祖良译，中国社会科学出版社 1993 年版，第 66 页。

④ ［德］海德格尔：《林中路》，孙周兴译，上海译文出版社 2004 年版，第 309 页。

⑤ ［德］海德格尔：《演讲与论文集》，孙周兴译，生活·读书·新知三联书店 2005 年版，第 15 页。

订造而来才有其立身之所（即存在的意义）。农作物已经不是持续的、永久的在场的存在，而是为了服务于人类而被订造的持存物。这样，转基因农业就成了一种建立在"强"促逼之上的"订造"体系。

相比于杂交作物，转基因作物已然是一个更纯粹的持存物。在转基因技术的"强"促逼下，一切的作物都降格为千篇一律的物质，没有了固有的特性，不再是自在的存在，只是在按技术要求展现自身。其存在的目的和价值只是为了进一步地被订造，"唯有技术工作人员从他的需要出发使用尺度"①。而杂交作物则是既在持存的意义上存在着，又是一个为了自身的生物倾向性而作为对象性的存在，因为其还保留着一定的内在本性。

转基因技术被解蔽为持存物——转基因作物。那么谁来实行这种摆置呢？显然是转基因育种人员。这就给了他们一种惑人的假象，仿佛人类是统治一切存在者的主体，并向它们颁布存在的尺度。但是，我们需要反思：座架怎么可以使人以订造的方式把现实事物作为持存物而解蔽出来呢？对此，海德格尔认为："惟就人本身也已经受到促逼、去开采自然能量而言，这种订造者的解蔽才能进行。如果人已经为此受到促逼、被订造，那么人不也就比自然更原始地归属于持存吗？"② 也就是说，在转基因技术的解蔽中，转基因育种人员也是被促逼者、被订造者，只不过他们自身没有察觉而已。他们还以为自己是此项技术的控制者、是技术的主人，而实际上他们比转基因作物更原始地受到了促逼，比转基因作物更原始地归属于了持存物。因此，他们不能成为转基因作物的主宰者。而且相比于杂交育种人员，转基因育种人员更加受到技术意志的摆置，被座架牢牢地控制住了，无法自拔和无法自主。因为转基因技术比杂交技术更加受到"资本—知识—权力"共同体的促逼、摆置和订造。同样地，转基因农业时代的农民也深深地陷入座架之中，尽管从表面上看，转基因时代的农民与农业社会中的农民一样在农田中忙碌耕作，但是他们的身份已截然不同，现在的农民被食品工业所促逼、摆置、订造，也是在持存意义上立身，但已然不像以往的农民那样进行着自由的、自主的劳作。

---

① ［德］冈特·绍伊博尔德：《海德格尔分析新时代的科技》，宋祖良译，中国社会科学出版社1993年版，第105页。

② ［德］海德格尔：《演讲与论文集》，孙周兴译，生活·读书·新知三联书店2005年版，第16页。

　　"座架"的统治是一种完全独立于人类行为或意志力量之外的"天命"。①座架通过人这个中介控制着自然、存在者，同时也控制着人。因而不是人摆置座架，相反是座架摆置人，"技术工作始终只是对座架之促逼的响应，而绝不构成甚或产生出这种集置本身"②。受制于技术座架之命运，我们被强制性地要求去改进技术，与此同时，我们自身也屈从于和束缚于座架。技术越进步，技术越"深"，座架的强制性特征，即命令式的动员、揭示、摆置、订造就越明显，束缚包括人在内的一切持存物的力就越强。因此，相比于杂交技术，在转基因技术的座架中，更加明显的是：转基因作物失去了内在的本性而不是对象性的存在了，人也失去了主体性；一切都归之于座架之控制。"现代的主体性之自由完全消溶于主体性相应的客体性之中了。人不能凭自力离弃其现代本质的这一命运，或者用一个绝对命令中断这一命运。"③

　　可见，在转基因农业时代，比以往任何一个时期，更加限定的订造成为了可能，而且一切都被座架更加深深地、牢牢地控制着，都只是为了进一步地可订造所订造而出场、持有。因此，相比于杂交技术，转基因技术具有明显的"硬"座架特征。

　　不可否认，农业一直在把自然的（the natural）转变成人工的（the arteactual）。农作物的改进就是人类干预自然的意向性行为的结果。只要有人的干预，就都是不自然的，但是不同作物的非自然性（不自然的程度）是不一样的（这在后文会进一步阐述）。亚里士多德说："自然"是它原属的事物因本性（不是因偶性）而运动和静止的根源或原因。④由此，如果一个事物离内在的、固有的本性越远，那么其就具有越多的非自然性。

　　农业社会的作物栽培是把自身展开于产出意义上的解蔽，是在从自然界中挑选优良作物品种。杂交技术是促逼意义上的解蔽，但这是一种外力强加下的"诱供"，逼迫自然交出自己的"秘密"。这依旧是在利用自然规律来改良自然物种，其导致的只是原始的、质朴的自然的消失，没有使自然物种在

　　① ［美］理查德·沃林：《存在的政治——海德格尔的政治思想》，周宪、王志宏译，商务印书馆2000年版，第206页。
　　② ［德］海德格尔：《演讲与论文集》，孙周兴译，生活·读书·新知三联书店2005年版，第20页。
　　③ ［德］海德格尔：《林中路》，孙周兴译，上海译文出版社2004年版，第114页。
　　④ ［古希腊］亚里士多德：《物理学》，张竹明译，商务印书馆1982年版，第43页。

本体论上的终结。而转基因技术是以一种更有力的方式在拷问、逼迫、干预自然以实现解蔽。这是一种"逼供",得到的往往不是真秘密（自然内在的规律）而是假秘密（逆自然规律的）。由此,转基因技术之解蔽实际上往往远离了自然的本质,甚至走向了真理的反面。转基因技术正在解构、改造、创造新的物种,以人工生命取代自然进化的生命形式,其抹掉了物之本性,使之祛魅了。在"硬"座架的统治下,转基因作物更为明显地成了以供有所订造而被订造的持存物;而传统作物在被订造的同时,依旧还以一定的内在本性而存在着。如此,转基因技术导致自然物种面临着存在论上的"穷困",甚至是终结。因此,转基因技术与传统育种技术具有本质性差异,转基因技术对自然物种带来的伤害是一件本体论上的事件。

三 转基因技术的"深"技术特征分析

克克李在探讨现代技术特征及其环境影响时,提出了"深"科学、"深"技术的概念,并认为转基因技术是一种"深"技术,这样的说法有道理吗?笔者试图在克克李有关技术思想的基础上,进一步分析转基因技术为什么是"深"技术,即这样的"深"体现在哪些方面、具有什么样的特征?如此,我们才可以更好地认清转基因技术不同于杂交技术的"深"技术本质。

（一）转基因技术的"深"科学根源

克克李在批判吸收芒福德（Lewis Munford）技术阶段划分思想的基础上把技术分成了两大阶段:阶段Ⅰ——基于技艺的技术（craft-based）和阶段Ⅱ——基于科学理论的技术（science-based）。阶段Ⅰ的技术本质上是技艺——源于实践性活动而获得的经验性感知的技能和技巧,是以"做"的方式展现的。农业社会中的试错法和选择育种方式属于阶段Ⅰ的技术。

在技术的阶段Ⅱ中,科学与技术紧密相关,正如海德格尔指出:"与以往所有的技术相比,现代技术乃是一种完全不同的技术,因为它是以现代的精密自然科学为依据的。"[①] 的确,技术上的创新都源于科学理论的突破。没有孟德尔遗传学的建立,就没有杂交技术的创新;没有分子生物学的突破,就

---

① ［德］海德格尔:《演讲与论文集》,孙周兴译,生活·读书·新知三联书店 2005 年版,第 12 页。

没有转基因技术的面世。可见，科学理论为更有力的技术的摆置提供了基础、条件和可能性。技术之本质的根源在于自然科学之中，这一点往往被我们忽视，例如认为环境问题是技术造成的，与科学无关，实际上科学才是最根源性的原因。例如，"物理学摆置着自然，把自然当作一个先行了计算的力之关联体加以呈现，所以实验才得以订造"①。因此，要想分析技术的本质就要追问其科学基础的特征，"现代物理学的自然理论并不只是技术的开路先锋，而是现代技术之本质的开路先锋。因为那种进入到订造着的解蔽之中的促逼着的聚集，早已在物理学中起着支配作用了"②。

但是，同样属于阶段Ⅱ中的技术也具有本质性差异。克克李又把技术的阶段Ⅱ分成了ⅡA和ⅡB。杂交技术属于ⅡA阶段，转基因技术属于ⅡB阶段。由于技术的本质在自然科学之中，因此，这样的区分主要在于引导技术的理论的"深度"（depth）不同。"深"理论有三个内涵：一是一个欠深（less deep）的理论最终能根据一个深理论来解释；二是深理论能够解释更大范围内的资料、数据，能够说明一个现象中更多的因果性变量；三是一个欠深的理论涉及的是关于宏观层次上的物质存在以及运动方式的规律，而一个深理论描述的是关于微观层次上的物质存在以及运动方式的规律。③可见，"深"科学有三个理解维度：一是"深"科学是一个比较的概念，"欠深"的科学可以还原为"较深"的科学；二是从认识论的角度看，"深"科学比"欠深"的科学具有更强的解释力；三是从方法论角度看，"深"科学比"欠深"的科学在更为微观的层次上解释事物。那么，转基因技术所基于的科学理论（分子遗传学）何以比杂交技术所基于的科学理论（孟德尔遗传学）要"深"呢？对此，就需要结合两个理论的具体内涵进行深入分析。

1. 孟德尔遗传学能由分子遗传学来解释吗

孟德尔遗传学可以根据分子遗传学来表征吗？在沃森（James Dewey Watson）和克里克（Francis Harry Compton Crick）发现了DNA双螺旋结构之后，还原论者便开始就他们所假定的从孟德尔遗传学或群体遗传学向分子遗传学

① ［德］海德格尔：《演讲与论文集》，孙周兴译，生活·读书·新知三联书店2005年版，第20页。
② ［德］海德格尔：《演讲与论文集》，孙周兴译，生活·读书·新知三联书店2005年版，第21页。
③ Keekok Lee, *The Natural and The Artefactual: The Implications of Deep Science and Deep Technology for Environmental Philosophy*, Lanham, Md.: Lexington Books, 1999, p. 70.

的还原展开分析。① 分子生物学在生命机制认识上的突破，使得大家认为在物理学和化学上很成功的还原论也必将在生物学上取得重大的成功。因此，分子生物学刚刚建立的时候，很多人持有极端的生物学还原论。但是，生命现象的"强"还原论和绝对的基因决定论也遭到了一些质疑。例如，侯美婉（Mae－Wan Ho）批判了关于基因的四种假定：一个基因具有一种功能、基因和基因组不会受到环境的影响、基因和基因组是不变的、基因待在原位。② 这种批判是有道理的。基因与基因之间存在联系，"一个基因表达的蛋白控制着另一个基因的开启和表达"③。基因对环境也是敏感的，"不断吸收环境的影响，调整自己在什么时间和以何种方式得到表达"④。而且，基因也是可变的、不稳定的，"它们突变、繁殖、重组以及跳跃。基因甚至从一个有机体跳出去影响另外一个有机体"⑤。因此，生命现象不可能完全还原为一个个孤立的基因，生物体是整体的、复杂的。分子遗传学并不能完全取代孟德尔遗传学，"经典遗传学还无法被取代，这是因为某些碱基序列在共同构成染色体时出现了某些新的性状和功能，这样的状况类似于突现"⑥。

但是，不可忽视的是，大多数的遗传现象，孟德尔遗传学能解释的方面，分子遗传学也能解释，但是后者能解释的，前者不一定能解释。可见，孟德尔遗传学所能解释的大多数生物个体的遗传现象，可以还原为分子遗传学来解释；孟德尔遗传学能解释的、不能解释的，都为分子遗传学提供了进一步解释的"问题域"；分子遗传学可以取代孟德尔遗传学中最基础的一些理论。所以，关于遗传现象的认知，"强"还原论不恰当，"弱"还原论具有合理性。从对生命本质和遗传规律的认识实践看，分子遗传学具有巨大的突破，在解释的广度、精度、深度上都远远超越了孟德尔遗传学，分子遗传学为我们揭开生命的奥秘提供了一条强有力的路径。

① ［加］莫汉·马修、［美］克里斯托弗·斯蒂芬斯：《生物学哲学》，赵斌译，北京师范大学出版社 2015 年版，第 426 页。

② ［英］侯美婉：《美梦还是噩梦》，魏荣瑄译，湖南科学技术出版社 2001 年版，第 52 页。

③ 费多益：《转基因：人类能否扮演上帝？》，《自然辩证法研究》2004 年第 1 期。

④ ［英］马特·里德利：《先天、后天：基因、经验，及什么使我们成为人》，陈虎平、严成芬译，北京理工大学出版社 2005 年版，第 1 页。

⑤ Richard Alan Hindmarsh and Geoffrey Lawrence，*Recoding Nature*：*Critical Perspectives on Genetic Engineering*，Sydney：University of New Sourth Wales Press，2004，p. 20.

⑥ 郭贵春、赵斌：《生物学理论基础的语义分析》，《中国社会科学》2010 年第 2 期。

2. 分子遗传学比孟德尔遗传学具有更强的解释力

以前很多生物学家关注的是物种的进化，而孟德尔关注的是生物单个性状的遗传。[①] 他不仅观察植物的杂交，而且把子代遗传亲代特征的情况进行了统计学分析。这样的研究创新使其发现了两条重要遗传规律：性状分离定律——隐性性状在后代中以可预测的形式出现；自由组合定律——任何一对性状的行为都可以独立于其他的性状。

孟德尔认为性状的遗传在于遗传"因子"。但是，在他那里，"因子"只是一个逻辑构造，因为他不知道其是什么、存在于哪里、如何发挥作用。摩尔根的工作为孟德尔遗传学的疑问进行了科学解释，他指出："孟德尔的'因子'是存在于染色体上某些部位的物质单位。"[②] 摩尔根知道了"因子"在哪里，但是依旧不知道"因子"的具体物质组成，即化学结构。因此，孟德尔遗传学是一种抽象的科学、定性的科学。孟德尔遗传学发现了遗传因子的表现结果，但是不能解释遗传因子的工作机制，即孟德尔遗传学能够预测和解释遗传行为发生的结果，但是为什么如此以及如何形成这一结果的，其一无所知。

"分子生物学"这一术语于 1938 年由韦弗（Warren Weaver）创造。1953 年沃森和克里克发现了 DNA 的双螺旋结构，标志着分子生物学时代的真正到来，这使得关于生物遗传机理的研究进入分子层次。"要获得对遗传学真正的合理的认识必须超越统计学规律，进行细胞学和生物化学的研究。细胞学的研究揭开了细胞的结构及其生长和分离。生物化学的研究则揭示了细胞成分的化学本质。"[③] 分子遗传学从结构的、生物化学的、信息的三个层面揭示出了 DNA 分子的构造、DNA 分子如何与细胞代谢和遗传进行相互作用，信息如何在有机体之间进行代际传递。[④] 如此，分子遗传学很好地说明了 DNA、RNA、起始子、终止子等这些大分子在基因调控中的化学机理，这可以说是

① Keekok Lee, *Philosophy and Revolutions in Genetics: Deep Science and Deep Technology*, New York: Palgrave Macmillan, 2003, p. 89.

② Keekok Lee, *Philosophy and Revolutions in Genetics: Deep Science and Deep Technology*, New York: Palgrave Macmillan, 2003, p. 95.

③ Keekok Lee, *Philosophy and Revolutions in Genetics: Deep Science and Deep Technology*, New York: Palgrave Macmillan, 2003, p. 9.

④ Garland E. Allen, *Life Science in The Twentieth Century*, Cambridge: Cambridge University Press, 1979, p. 190.

一种有效解释，说明了它们是如何工作的。[①] 遗传分析的目标就是把作为性状的具体特征——表现型还原成作为性状的潜势——基因型，以揭示遗传行为的本质。分子遗传学成功地实现了孟德尔遗传学所未能实现的这一目标。在分子遗传学下，科学家们不仅明白了遗传信息的传递者是基因，而且明白了基因的化学成分和结构及其存在的位置，揭开了基因的本质。而且，随着克里克1958年提出中心法则，"它是分子生物学的基石，描述和确定了基因的复制、转录和表达"[②]，以及遗传密码的陆续破译，科学家发现了遗传信息的传递、转录、翻译及其蛋白质的合成机制，即搞清了基因的工作机理。这就为人类定向的干预遗传信息的传递、改变作物的遗传物质、形成目的性的遗传表现，培育作物特定性状创造了可能。因此，分子遗传学比孟德尔遗传学提供了更深刻的关于遗传现象的解释，例如，"分子遗传学对突变给出了详尽的解释，但是孟德尔遗传学对此几乎一无所知"[③]。

"分子遗传学在横向研究方面的优势却又是经典遗传学无法比拟的。由于具有严格组合规则以及相对稳定最小语义单元，分子遗传机制十分接近语言的机制，通过遗传代码构建的形式化体系在运用数学手段以及计算机辅助分析方面，其条件可谓得天独厚。"[④] 孟德尔遗传学只能解释同种或近缘物种个体在杂交或自交过程中的遗传表现，而分子遗传学不仅能够解释前者，而且还能够解释不同物种之间基因转移与性状表现之间的关系。而且，孟德尔遗传学只是对生物个体所呈现出来的遗传结果和性状特征进行统计性描述，满足人们对杂交实验结果的解释；而分子遗传学是精确的，它从遗传的分子基础来解释性状的本质、基因调控的化学机理、遗传信息的复制和传递机制，在分子水平上为遗传提供了最佳的确定性解释。可见，分子遗传学比孟德尔遗传学对生物个体遗传现象和机制的解释范围更广、解释力更强。

3. 分子遗传学比孟德尔遗传学的解释度更微观

农业社会试错法和选择育种的经验法则面对的对象是整个植株，着眼于有价值的植物的选择；而孟德尔遗传学在分析遗传行为时开始关注植物的性状，寻找和筛选的是有价值的植物性状。但是由于孟德尔遗传学中的"遗传因子"

---

① 郭贵春、赵斌：《生物学理论基础的语义分析》，《中国社会科学》2010年第2期。
② 李浙生：《遗传学中的哲学问题》，中国社会科学出版社2014年版，第36页。
③ Sahotra Sarkar, *Genetics and Reductionism*, Cambridge：Cambridge University Press，1998，p. 166.
④ 郭贵春、赵斌：《生物学理论基础的语义分析》，《中国社会科学》2010年第2期。

是一种观念上的、抽象的、不可分割的单元，实际的作物培育还是在有机体层面上，是两个母本的杂交，所以仍然是在有机体层面而不是在遗传因子层面上操控遗传行为。因此，孟德尔遗传学依旧无法从有机体内在的遗传物质出发来解释生物的遗传行为和结果。如此，孟德尔遗传学仍然是在宏观层次上，通过分析有机体外在的遗传表现——子代遗传亲代性状的显现情况，来表征遗传规律。

　　而分子遗传学从分子水平上对遗传现象进行了重新审视。一是分子遗传学研究的客观对象不再是作为整体的有机体或其性状，而是作为有机体内在部分的物质性的基因的化学成分。分子遗传学的基本单元是有形的化学分子，即核苷酸，而基因被当作二级单位，是由成百上千的这种核苷酸所聚集构成的。① 因此，分子遗传学在更深的层次上解析作为表现型性状背后的基因型，其不仅超越了有机体，也超越了抽象的、不可分割的基因，而是在通过揭开基因本身的分子组成来追问遗传的本质。"如果说经典的遗传学是站在个体以及种群的视角上，以统计的方法来对遗传规律进行表征，从而创立了性状分离等经典学说，那么分子遗传学则完全是建立在化学、物理学等基础上的。"② 二是分子遗传学不再是观察和分析生物体外在的遗传表现以获得规律性的认识，而是通过研究遗传表现背后的遗传机制以探析遗传的本质。"经典遗传学定律中所体现的规律实质上是表现型出现规则以及频率的说明；而分子生物学定律所体现的则是生物化学的活动规律以及分子原件间的构象组合机制的说明。"③ 如此，分子遗传学基于微观的生物体内在的最根本的遗传物质，来表征生物体宏观的遗传和进化现象。分子遗传学在分子层面上对遗传现象的非分子生物学解释进行补充、修正，使之变得更加精确。

　　可见，孟德尔遗传学是通过统计学的方法对亲代与子代之间的遗传关系以及后代的遗传性状的表现进行研究；分子遗传学则是从生物化学的角度，超越了孟德尔统计学范式，直接深入生命的根源处——基因的物质结构的研究，揭开了基因的本质和基因复制与传递机理。这是在生物遗传行为和生命本质认识上的一个质的突破。因此，分子遗传学比孟德尔遗传学在更为微观的层次上解释生命现象，参见表1-2。

① 〔加〕莫汉·马修、〔美〕克里斯托弗·斯蒂芬斯：《生物学哲学》，赵斌译，北京师范大学出版社2015年版，第336页。
② 郭贵春、赵斌：《生物学理论基础的语义分析》，《中国社会科学》2010年第2期。
③ 赵斌：《遗传与还原的语境解读》，《哲学研究》2010年第8期。

表1-2　孟德尔遗传学与分子遗传学的解释层次

理论	研究对象与层次		
孟德尔遗传学	个体	外在的遗传表现	宏观
分子遗传学	基因	内在的遗传物质	微观

通过上文分析得知，总体上讲孟德尔遗传学可以还原到分子遗传学来解释，而且分子遗传学是比孟德尔遗传学具有更强的解释力和更深的解释层次。因此，分子遗传学比孟德尔遗传学要"深"是成立的。而从技术理论（技术作为知识）的角度看，由"深"科学引导的技术是"深"技术。所以，转基因技术的"深"科学根源决定着其是"深"技术。

（二）转基因技术对自然物种的"强"控制

1. homo faber、"深"技术与控制自然

柏格森（Henri Bergson）指出："如果我们可以除去我们的一切骄傲，如果为了给我们人类下定义，我们根据历史和史前史告诉我们的人类和智慧的稳定特征，我们就不会把自己称为 homo sapiens，而应该称为 homo faber。"[①]为什么人类的本质是 homo faber[②] 呢？阿伦特（Hannah Arendt）认为有三种根本性的人类活动：labor（劳动）、work（工作）、action（行动）。她区别了劳动与工作的不同：我们双手的工作，不同于我们身体的劳动，技艺人的制作和对材料本质上的"加工"，不同于劳动动物的劳动和它的劳动对象的"融合"。[③] homo faber 的核心行为是制作。"制作，即技艺人的工作，是一个物化（reification）的过程。"[④] homo faber 通过经验性知识或科学理论所产生的技术来干预和控制自然，制造各式各样的人工物，服务于自身的需要。"技艺人设计和发明器具是为了建立一个物的世界。"[⑤] 因此，"循着笛卡尔式的我思作为人的本质，来揭示现代人是一个什么种类的存在是不够的。因为它遗漏了

① ［法］亨利·柏格森：《创造进化论》，姜志辉译，商务印书馆 2004 年版，第117—118 页。
② 这个词最早是由伯格森引入思想界的，阿伦特在《人的境况中》使用了这个词，有学者把其译为"技艺人"，也有学者把其译为"匠人"，笔者认为其实际上是指"制作工具的人"。
③ ［美］汉娜·阿伦特：《人的境况》，王演丽译，上海世纪出版集团 2009 年版，第 105 页。
④ ［美］汉娜·阿伦特：《人的境况》，王演丽译，上海世纪出版集团 2009 年版，第 107 页。
⑤ ［美］汉娜·阿伦特：《人的境况》，王演丽译，上海世纪出版集团 2009 年版，第 111 页。

人类的两个重要特征：人类拥有两足和双手"①。人是理性的思想者和实践的
行动者的统一体，而不是分离的。作为在理性指导下的行动者，人通过技术
创造的工具，在促使自然人工化的过程中，最终实现了自身物质性的和精神
性的需求。所以，从存在的本质上讲，人是工具制造者，不是我思故我在，
而是"我造物故我在"②。因此，亚里士多德把沉思性活动看成是最高的生
活形式，而把制作活动看成是一种低层次的生活形式，这是不恰当的，尤
其在技术时代，制作工作已不是辅助性的、次要的，而是必需的、核心的
人类活动。

　　homo faber 的本质使然，作为 homo faber 的人类从一开始就想控制自然、
获取福利、实现自我。但是，"在制作中人类仅仅依赖四肢和其它器官作为工
具来制造人工品，其范围将是很有限的"③。在很长的时间内，基于经验性知
识的技艺是实践性的而不是解释性的，缺少规范性，因而缺少精确性和有效
性，进而对自然的控制也是很弱的。人类的 homo faber 本质并没有进行很好的
现实化。而近代科学的诞生，为强有力的控制自然带来了可能。近代科学不
仅追求纯知识，而且逐渐成为求利、求力的科学。培根的"知识就是力量"
强调的就是这种旨意。新科学有三种目标：预测、解释和控制。④ 预测、解释
自然是控制自然的基础，而控制自然是科学的最终目标。预测、解释力关系
到控制力，弱的预测和解释就会产生"弱"的控制力，相反就会产生"强"
的控制力。在新科学下，自然成了可以被操纵、控制、改造、利用的对象。

　　从 19 世纪中期开始，一切真正发生了实际的变化。这主要在于 homo fa-
ber 掌握的科学知识开始引导技术创新。随着科学理论在技术上的应用，它极
大地推动着技术创新，极大地改变了人类的制作工作。从 animal laborans 到
homo faber, animal rationale 这一身份的增长愈明显，而在这过程中起关键作
用的是科学知识。"从表面上看，科学与技术的认识论目标是不同的，前者强

---

　　① Keekok Lee, "Homo Faber：The Unity of The History and Philosophy of Technology", in Jan Kyrre
Berg Olsen, Evan Selinger and Søren Riis, eds., *New Waves in Philosophy of Technology*, Basingstoke：Pal-
grave Macmillan, 2009, p. 15.

　　② 李伯聪：《工程哲学引论》，大象出版社 2002 年版。

　　③ Keekok Lee, *The Natural and The Artefactual：The Implications of Deep Science and Deep Technology
for Environmental Philosophy*, Lanham, Md.：Lexington Books, 1999, p. 126.

　　④ Keekok Lee, *Philosophy and Revolutions in Genetics：Deep Science and Deep Technology*, New York：
Palgrave Macmillan, 2003, p. 51.

调的是真理，而后者强调的是效用；前者是为了建立自然规律，后者是为了建立效用规则。但是效用规则是建立在自然规律之上的。"① 科学知识为技术规则提供了认识论基础和依据，如此，由基于手艺的技术转变为了基于科学理论的技术。至此，凭借的不再是经验而是精确的设计，例如，为了保证规则的有效性（获得 A），就可以优化和创造条件 x、y、z，因而正是技术规则的可解释性和规范性，促使其有效性显著增强，这样，"现代技术作为工具比以前出现的工具更有力"②。

科学对自然的解释性促成了技术对自然的控制性，而随着科学理论越来越"深"，由其引导的技术也就越来越"深"，对自然的控制也就越来越"强"，也就能实现最佳的控制。因此，在人类的进化过程中，智力提升的一个很重要的标志是：制作工具的理性和实践能力的增长。在现代科学技术实践中，人的本质是 homo faber，而不是 animal laborans，也就进一步展现出来了。

在技术从理论走向实践的过程中，homo faber 具有关键性的作用。homo faber 通过学习，或者凭借经验，或者凭借科学理论，掌握着制作工具的知识，并制作出了有力的工具，在控制自然的强大意志下干预自然、改造自然，不仅指向非生命类自然，而且也指向生命类自然，从而不断地把自然的转化为人工的，创造出了为实现人类目的的各种技术人工物。在这样的过程中，不断地实现着自然的人工化和人的自然化。

homo faber 在自然界中居于特权的身份，支配着至上的权力。当拥有了越来越"深"的科学技术，homo faber 就可以凭借新的、有力的工具把潜在的自然价值挖掘出来。因此，对自然利用的"深"度、"广"度和控制的"强"度完全取决于 homo faber 手中所掌握的科学技术的"深"度。在技术实践中，homo faber 所掌握的育种技术或方式的不同所导致的对自然物种控制性的变化充分说明了这一点。

2. 转基因技术对自然物种的"高"干预

在农业上，凭借经验法则也会产生种植上的成功，例如人们遵守一项规

---

① Keekok Lee, "Homo Faber: The Unity of The History and Philosophy of Technology", in Jan Kyrre Berg Olsen, Evan Selinger and Søren Riis, eds., *New Waves in Philosophy of Technology*, Basingstoke: Palgrave Macmillan, 2009, p. 14.

② Keekok Lee, *The Natural and The Artefactual: The Implications of Deep Science and Deep Technology for Environmental Philosophy*, Lanham, Md.: Lexington Books, 1999, p. 126.

则——不要把植物种植在深冬，而要种植在春天——确实会获得一个很高程度的园艺成功。① 但是，农业社会的育种方式追求的是效用，根据经验总结出在什么样的自然条件下会产生想要的结果，而不会进一步地追问为什么会产生这样的结果。如此，人们往往是寻找适合的自然条件来产生想要的效用，而不会去创造人工条件或者制定新的规则以产生更好的效用。"阶段Ⅰ的规则在经验上很有效，但是因为它们不是以科学规律为基础，因此总是存在一种可能，即它们的有效性仅仅是一种巧合。"② 如此，在农业社会中，农民的作物栽培运用的是选择性的育种技艺，依赖的是作物自身的天然授粉，这是建立在充分的宏观观察（观察作物的生长）和一定运气的成分上培育作物的。因此，这样的育种方式往往缺少一致性和精确性，对植物的控制是很弱的。

科学理论对自然规律的描述不仅为技术规则的制定提供了依据，而且也为技术规则的有效性提供了解释。例如，"光合作用理论"使得人们知道了温度对于植物生长的重要性，如此，人们不再需要像农业社会的育种方式那样去完全地顺从自然，而是可以制造"温室"来满足植物的生长。源于科学理论的育种技术规则的制定会产生更好的指向性效能，提高了育种的"可控性"。

杂交技术对于作物的控制和培育的目标指向性显然"强"于农业社会的作物栽培，因为这种育种实践不再是纯粹的凭借经验，而是在科学理论——孟德尔遗传学的指导下进行的。孟德尔遗传学发现了遗传规律，育种人员可以利用这样的规律能更好地协助和控制植物的杂交，以获得目标性的杂交优势。杂交技术不是选择好的外来品种种植到当地的生态环境中，而是选择具有好的性状的植物来和当地的植物进行杂交。这种对于性状的搜寻使得更大范围内的遗传物质被集中起来，大大提高了育种效率，从而也就增加了对作物进化的干预度。

但是，孟德尔遗传学是一个"欠深"的理论，孟德尔遗传学规律是一个具有统计学特征的规律。因此，在此理论指导下的杂交育种中，性状在后代中的遗传是不精确的，充满着较大的偶然性。杂交技术的目的是把亲代"好"

① Keekok Lee, *The Natural and The Artefactual*: *The Implications of Deep Science and Deep Technology for Environmental Philosophy*, Lanham, Md.: Lexington Books, 1999, p. 67.

② Keekok Lee, *Philosophy and Revolutions in Genetics*: *Deep Science and Deep Technology*, New York: Palgrave Macmillan, 2003, p. 69.

的性状遗传给子代；而显性性状和隐性性状在后代中的遗传是一个概率事件，即在遗传亲代"好"的性状的同时，也在遗传"坏"的性状。因此，这种不确定性注定育种人员不能完全操控作物的遗传行为，他们能做的是通过多次的杂交试验而筛选到遗传了目标性状的杂交优势作物，这是在"发现"意义上的作物培育。

而正是作物这种遗传行为的自然选择的不确定性和偶然性，才使得遗传信息传递能保持平衡性，从而不会产生激烈的指向性突变，成为一种顺应自然进化规律下的持续的、缓慢的"渐变"。可见，杂交技术依旧是在模仿自然，而不是在创造自然，还没有从根本上动摇自然的法则和秩序。相比于传统育种方式，杂交技术对自然物种的控制显然"强"了，但是其没有违背作物进化的自然规律，依旧是在改良物种形式，而没有按照人类的意图精确性地"制造"物种。因此，杂交技术没有从根本上主导作物的进化，而只是作物进化的一种"助推"，对作物的控制依旧是有限的。

但是，在转基因技术中，情形就截然不同了，"深"科学理论为更有力的技术摆置提供了基础、条件和可能性。分子遗传学是"深"理论，其揭示出基因控制着性状。因此，转基因技术在育种实践上真正实现了寻找的不再是拥有"好"的性状的植物而是有价值的基因。转基因技术不再是在整个植株，而是在基因层面上操纵生命。这就使得育种具有更强的针对性，"基因组合使得育种者比传统的选择育种时代具有更大的控制力，也就大大降低了育种的偶然性"[①]。

而且，分子遗传学弄清楚了遗传发生的具体机制，这可以帮助育种人员利用遗传的中心法则来主导作物的进化。转基因技术可以摆脱物种进化的自然限制——例如只可以在同种或近缘物种间杂交，而可以通过技术的手段来敲除不需要的基因，转入需要的基因，人为地制造"突变"，改变作物进化的方向，产生具有目标指向性状的作物，这是在"创造"意义上的作物培育。

转基因技术对作物遗传行为的控制是精确的、定向的，可以完全按照人类的意图来设计、制造拥有相应性状的作物。转基因技术可以培育出由自然

---

① Keekok Lee, *Philosophy and Revolutions in Genetics：Deep Science and Deep Technology*, New York：Palgrave Macmillan, 2003, p. 99.

力量完全不可能产生的作物，如耐旱转基因水稻、抗虫转基因水稻等。转基因技术不再是对原有自然物种的改良，而是在制造新的物种形式。分子遗传学引导的转基因技术具有"强"促逼和"硬"座架特征，与杂交技术对自然的干预和控制具有本质性的不同，其正在用作物的人工进化条件取代自然进化条件，用人工生命形式取代自然生命形式。因此，相比于以往的任何一种育种技术或方式，转基因技术实现了对自然物种的"强"控制。

由此可见，从技术活动/实践（技术作为过程和技术作为意志）的角度看，转基因技术实现了对自然物种的"高"干预和"强"控制。因此，从控制自然的"强"度上看，转基因技术具有"深"技术的本质特征。

（三）转基因作物的"高"人工性

技术人工物体现着人类的思想，服务于人类的需要，是通过人类的行动而被制造出来的。转基因作物是一种生命类技术人工物（后文会详述）。一个人工物的内在本性越少，其人工性越高。克罗斯指出："技术性的人工制品是意向性的人类行动的结果：它们被设计、制造，并且用于执行某种实践性功能。"[1] 因此，在技术人工物的产生中，"人类行为的意向性"越强，则其人工性越高。那么转基因作物的人工性如何呢？这就需要分析转基因作物的本性和体现的人类意向性情况。

1. 从本体论上看：转基因作物几乎丧失了内在的本性

克克李认为，一个人工物的人工性与质料因紧密相关[2]：一是质料的来源。质料是一种自然类（即亚里士多德的第二实体）或者取自自然类，还是从亚里士多德的第一实体所指的相应物中合成的人工物或者是元素的分子或原子。二是质料在什么层次上被组合。当人们从原子层面上成功地设计出人工物时，这种人工物的人工性程度是最高的。不仅是传统作物的质料，而且是杂交作物的质料，都是来自自然界中的自然类（植物或已被改良的作物），是在有机体层面上的质料组合，而没有在分子水平上对作物的遗传物质进行设计和重组。在这种情况下，质料因通常是"被给予"（given）或"被发现"

---

① ［荷兰］彼得·克罗斯：《物理学、实验和"自然"概念》，载汉斯·拉德《科学实验哲学》，吴彤等译，科学出版社2015年版，第61页。

② Keekok Lee, *The Natural and The Artefactual：The Implications of Deep Science and Deep Technology for Environmental Philosophy*, Lanham, Md.：Lexington Books, 1999, pp. 52–53.

(found)，但是伴随着社会及其技术的发展，今天有力的行动者能够创造出不依赖于自然界中的实体的人工物。① 而在转基因作物的培育中，不仅是从大自然中寻找好的质料，而且也在创造新的质料，如功能基因——很多是科学家在实验室中合成的，而且这样的质料是在分子层面而不是生物个体层面上被设计、制造出来的。杂交作物作为生命类人工物，其存在的原因是外在的，其形式因、动力因、目的因是人类赋予的，但是其质料因是内在的。而"转基因生物体的形式因、动力因、目的因是由人类操控的，而且甚至连它们的质料因也是人类手工艺的产物"②。因此，从质料因看，转基因作物的内在本性要远远少于杂交作物，具有更高的人工性。

生命类人工物的自主性是指其在繁殖、进化、生存等方面独立于人类存在的能力。在杂交技术下，尽管作物的自主性在一定程度上遭到了破坏，不过它们仍然是一个独立于人类的存在。但是，转基因技术加剧了生命类人工物自主性的丧失，而且此种自主性的伤害范围比以往更广、程度比以往更深。一些转基因作物，如终止子技术作物，在最关键的方面已失去了自主性，它们需要在人类有意识地干预和选择下繁殖、进化。也就是说，这些生命类人工物已经同非生命类人工物（如塑料玩具）几乎没有了本质性差异，因为它们连作为生命最基本的特征——繁殖和存活——在没有人类的帮助下也无法完成。由此，这些转基因作物的自主性基本丧失了，它们不再是"靠自己"，而是"靠他者"而存在着，其繁衍后代也由"生产（production）取代了繁殖（reproduction）"③。人工物的自主性越少，则其内在的本性就越少。因此，从自主性受到损害的角度看，转基因作物要比杂交作物具有更少的内在本性。

由此可见，由于杂交技术的控制性较弱，杂交技术没有改变物种的本质，只是使物种更好地适应自然。杂交技术为生物的自然进化留有空间、留有自主性，从而也就给生物自身留有较多的内在本性。而转基因技术存在改变物种本质的可能性，这是在让自然适应物种。转基因作物是一个外在、强加技

---

① Keekok Lee, *Philosophy and Revolutions in Genetics：Deep Science and Deep Technology*, New York：Palgrave Macmillan, 2003, p. 5.

② Keekok Lee, *The Natural and The Artefactual：The Implications of Deep Science and Deep Technology for Environmental Philosophy*, Lanham, Md. ：Lexington Books, 1999, p. 53.

③ Keekok Lee, *Philosophy and Revolutions in Genetics：Deep Science and Deep Technology*, New York：Palgrave Macmillan, 2003, p. 200.

术的化身，"分子基因工程取代了传统的遗传行为"①。转基因作物的本性基本上已被人类控制了，其已经成为"设计者生物体"，不再按照自身的本性生存着。② 而从本体论的视角看，一个人工物的内在本性越少，则其人工性越高。所以，转基因作物的人工性显然要比杂交作物高得多。

2. 从价值论上看：转基因作物几乎被剥夺了内在价值

自然物的结构是按照自然规律在自然过程中形成的，其功能是由其内在的本性决定的。而技术人工物的结构是按照技术规则在人类的干预下形成的，其功能具有外在目的论的特征——服务于人类的需要。因此，技术人工物是人类意向性行为的结果。

作为非生命类人工品，它们仅仅对于人类来说是有意义的和重要的。如果人类在世界上消失，那么所有的人工品作为人工品来说将终止存在。③ 由此，对于非生命类人工物来讲，其存在的价值就在于执行某种实践性功能。但是对于传统的生命类人工物，如杂交作物来讲，其既执行着"增产"这一实践性功能，同时也执行着属于生物内在倾向性的内在功能。它们不仅是在"为他者"，而且也在"为自身"而存在着，它们不仅具有外在的工具价值，而且依旧具有一定的内在价值。

但是，对于转基因作物来讲，情形就发生了变化。在转基因作物的性状功能设计中，不再像杂交作物的培育那样依旧需要照顾生物内在的本性，而完全可以以人类的意向性为主导。在转基因作物中，被设计和制造的特征和功能只是对人类来说是有价值的，例如富含 β - 胡萝卜素的黄金大米。如此，先进的科学及其技术使得原本仅限于非生命人工物的亚里士多德论断，现在也能适用于生命类自然了。④ 因为不仅生命类自然可以成为人工物，甚至"作为人类意图的物质体现，生命类人工物与非生命人工物没有什么不同"⑤。

① Keekok Lee, *The Natural and The Artefactual*: *The Implications of Deep Science and Deep Technology for Environmental Philosophy*, Lanham, Md.: Lexington Books, 1999, p. 54.

② Keekok Lee, *The Natural and The Artefactual*: *The Implications of Deep Science and Deep Technology for Environmental Philosophy*, Lanham, Md.: Lexington Books, 1999, p. 53.

③ Keekok Lee, *The Natural and The Artefactual*: *The Implications of Deep Science and Deep Technology for Environmental Philosophy*, Lanham, Md.: Lexington Books, 1999, p. 96.

④ Keekok Lee, *Philosophy and Revolutions in Genetics*: *Deep Science and Deep Technology*, New York: Palgrave Macmillan, 2003, p. 20.

⑤ Keekok Lee, *Philosophy and Revolutions in Genetics*: *Deep Science and Deep Technology*, New York: Palgrave Macmillan, 2003, p. 214.

转基因作物纯粹是人类意向性行为的产物，是人类在为自然立法。homo faber 从其自身的活动中得到了满足，便开始贬低物的世界。一旦人成为最高目的，是"万物的尺度"，那么不仅自然会被 homo faber 当作几乎"没有价值的材料"来加工，而且"有价值的事物"本身也变成了单纯手段，从而失去了它们自身的内在的"价值"。① 转基因作物被剥夺了它们服务于自身的目的，而成为只服务于人类目的的纯粹手段了。如此，转基因作物不再是"为自身"，而是"为他者"存在着。由此，转基因作物具有的主要是外在的、工具性价值，而基本上没有了内在的价值。从价值论的视角看，在一个技术人工物中，其内在价值越少，"人类行为的意向性"越强，则表明其人工性越高。因此，转基因作物比杂交作物等传统作物具有更高的人工性。

因此，从技术结果（技术作为客体——人工物）的角度看，由转基因技术培育的转基因作物比由杂交技术培育的杂交作物具有更高的人工性，已经几乎是整个人工生命了。技术人工物的人工性的"高"与其技术的"深"存在关联；"深"技术比"欠深"技术所创造的技术人工物的人工性要高。由此，从技术创造的人工物的人工性看，转基因技术具有"深"技术的本质特征。

根据上面的分析，我们可知，转基因技术作为"深"技术具有三个特征：第一，转基因技术具有"深"科学根源。相比于孟德尔遗传学，分子遗传学对遗传现象、遗传机制的认识直接深入生命的根源处，不再是在有机体层面而是在基因层面获得了更广的、更微观的认识，参见表1-3。第二，转基因技术实现了对自然物种的"强"控制。转基因技术具有"强"促逼和"硬"座架特征，使得自然物种的进化可以摆脱自然条件和自然规律的限制，可以完全按照人类设定的人工条件和技术规则来实现新的生命形式，参见表1-4。第三，转基因技术人工物具有"极高"的人工性和"极低"的自然性。转基因作物几乎没有了内在的本性和价值，是"为他者"而不是"为自己"，是"靠他者"而不是"靠自己"而存在着。转基因技术的"深"技术特征的三个表现方面实际上是紧密关联的，"深"理论的解释性和预测性"强"→引导的"深"技术对自然的干预度"高"、控制力"强"→产生的技术人工物的人工性"高"、自然性"低"。可见，转基因技术具有"深"技术的本质特征，因

---

① ［美］汉娜·阿伦特：《人的境况》，王演丽译，上海世纪出版集团2009年版，第119页。

此其相对于以往的传统育种技术具有创新性、突破性、革命性，如此，也就蕴含着更大的不确定性风险。

表1-3 分子遗传学与孟德尔遗传学的特征比较

	分子遗传学	孟德尔遗传学
认识论	预测力、解释力强	预测力、解释力弱
方法论	基因层面（微观）、精确的	有机体层面（宏观）、统计学的
还原性	强	弱
科学理论的"深"度	"深"科学	"欠深"科学

表1-4 转基因技术与杂交技术的控制力比较

	转基因技术	杂交技术
技术知识	基于"深"科学——分子遗传学	基于"欠深"科学——孟德尔遗传学
技术意志	操纵自然	顺从自然
技术活动	制作（making）	做（doing）
性状获取	制造好的性状	寻找、发现、选择好的性状
遗传信息的传递	创造突变使得作物性状变异	遗传亲代性状
进化历程	突变性	渐变性
控制力	强	弱
对物种本质的影响	创造人工物种形式	改良自然物种形式

第二章 转基因技术"非自然性"的哲学分析

上一章笔者从本体论视角，深入分析了转基因技术的本质特征，及其与传统育种技术的本质性差异。那么，接下来，进一步需要追问的是，转基因技术的本体论特征及其与传统育种技术的本体论差异，以及这样的本体论差异意味着什么？对此，本章将对转基因技术的"非自然性"进行哲学审视，采取的具体研究进路是：从对一般性技术人工物"非自然性"的分析延伸到对生命类技术人工物"非自然性"的分析；对作为生命类技术人工物的转基因作物与传统作物进行"非自然性"的比较分析。

一 自然与非自然性

（一）何谓自然

分析技术人工物的"非自然性"，必须要对"非自然性"的内涵进行阐释。"非自然性"表征的是不自然的程度。而不自然与自然相对，因此，对"非自然性"的追问，关键在于对"自然"进行哲学审视。

随着近代科学的强盛，我们往往把自然当作一个特殊的存在领域来表征，即近代科学意义上的"自然"——自然物或自然界，这是近代科学研究、控制的对象。这样的"自然"概念成为时代强音，但是我们却淡忘了"自然"本真的、原初的内涵。即便如此，在日常生活中，有时我们还是在另一层含义上使用"自然"这个词。例如，我们会说，你穿着很自然、言语表达很自然、吃的食物很自然等。对于这种"自然"的内涵的理解，就要溯源到古希腊人，尤其需要从亚里士多德的"自然"① 概念中得到启示。英国科学史家劳埃德（G. E. R. Lloyd）认为古希腊人"发现了自然"② ——一个与"超自然"相对的自然。古希腊哲人用自然主义的方式解释自然，"他们开始探寻世界的成分、组成、形式结构和它的运行，深入思考、推论和证明自然的法则，形成对自然的独特看法"③，例如米利都学派的泰勒斯（Thales）认为"万物的本原是水"。"自然"这个概念在古希腊哲学的集大成者亚里士多德的哲学体系中占据着一个重要位置，他不仅继承了先哲的自然主义思想，而且发现了一个与"人类行为"相对的"自然"——与制作物和人工世界所不同的一个存在领域。不仅如此，他在探讨自然物和制作物的本质时，指出了"自然"的另一个重要内涵，即作为自然物本性（存在之因）的"自然"。这样的"自然"具有以下四层内涵。

"自然"是自然物的"存在本原"。 亚里士多德说："某种自然存在由之最初开始存在和生成的东西也被称为自然。"④ 在这里，"自然"表示的是存在者是由什么构成而存在的。作为本原的"自然"可以解释为"质料"，"有些人认为自然，或者说自然物的实体，就是该事物自身的尚未形成结构的直接材料。例如，说木头就是床的'自然'，铜就是塑像的'自然'那样"⑤。作为本原的"自然"也可以解释为"形式"，"'自然'是事物的定义所规定的它的形状或形式"⑥。亚里士多德认为形式重于质料，因此他倾向于把"形式"看成作为存在物本原的"自然"，"质料和形式比较起来，还是把形式作为'自然'比较确当，因为任何事物都是在已经实际存在了时才被说成是该事物的，而不是在尚潜在着时就说它是该事物的"⑦。可见，在亚里士多德看来，任何个别事物不是在"它（仅仅）适合于……的状态"中，而是在它以最终具有自身的方式"存在"之际，才被称为真正存在者的。⑧ 笔者认为作

① phusis 是古希腊原词"φυσις"的拉丁拼音，也可写作"physis"，罗马人用 natura 来翻译 phusis，都表示西方的"自然"概念。其英语是 nature，法语是 nature，德语是 natur。参见肖显静、毕丞《Phusis 与 Natura 的词源考察与词义分析》，《山西大学学报》（哲学社会科学版）2012 年第 2 期。

② ［英］G. E. R. 劳埃德：《早期希腊科学》，孙小淳译，上海世纪出版集团 2015 年版，第 8 页。

③ 肖显静：《古希腊自然哲学中的科学思想成分探究》，《科学技术与辩证法》2008 年第 4 期。

④ ［古希腊］亚里士多德：《形而上学》，苗力田译，中国人民大学出版社 2003 年版，第 89 页。

⑤ ［古希腊］亚里士多德：《物理学》，张竹明译，商务印书馆 1982 年版，第 44 页。

⑥ ［古希腊］亚里士多德：《物理学》，张竹明译，商务印书馆 1982 年版，第 45 页。

⑦ ［古希腊］亚里士多德：《物理学》，张竹明译，商务印书馆 1982 年版，第 46 页。

⑧ ［德］海德格尔：《路标》，孙周兴译，商务印书馆 2000 年版，第 328 页。

为自然物"存在本原"的"自然"应该是形式和质料的统一。"人们可以把这种适合者本身看作可占用物,把这种可占用物视为质料,把 φύσις 视为一种'质料变换'。……如此看来,φύσις 便呈现出一种双重的可能性,可以按质料和形式来加以称呼。"① 没有质料,哪里有形式?即没有了物质基础,存在物的本原就失去了根基。而形式则使得存在物不是潜在的,而是具有现实方式的"存在"。

"自然"是自然物的"运动根源"。亚里士多德认为,自然作为自身内在于每一自然存在物中,最初的运动首先由之开始。② 可见,"自然"是自然物运动的根源,是自然物之生成、演化(进化)而成为存在的动力。ἀρχή(根源)一方面是指某物由之而取得其起始和开端的那个东西;另一方面则是指那种东西,它作为这种起始和开端立即超出由之而来的它者而掌握了这个它者,因而扣留并且支配着这个它者。③ "自然"作为自然物运动状态的起始占有和支配的根源具有内在性,"Φύσις(自然)是 ἀρχή(根源),并且是某个运动事物的运动状态和静止状态的起始,对某个运动事物的运动状态和静止状态的占有,而且一个运动事物在它本身中就具有这种 ἀρχή。"④ 这正如亚里士多德指出的:"一切自然事物都明显地在自身内有一个运动和静止(有的是空间方面的,有的则是量的增减方面的,有的是性质变化方面的)的根源。"⑤ 因此,"自然"作为运动根源,是内在于自然物之中,是一种从自身而来并且向着自身的起始占有,"生成和生长由于其运动发轫于此而被称为自然"⑥。如此一来,自然物的解蔽是基于内在本性的一种自我力量的涌现,"'自然'是它原属的事物因本性(不是因偶性)而运动和静止的根源或原因"⑦。

"自然"是自然物的"产生方式"。亚里士多德说:"自然的意义,一方面是生长着的东西的生成。"⑧ "第三种解释把自然说成是产生的同义词,因

---

① [德]海德格尔:《路标》,孙周兴译,商务印书馆 2000 年版,第 348 页。
② [古希腊]亚里士多德:《形而上学》,苗力田译,中国人民大学出版社 2003 年版,第 89 页。
③ [德]海德格尔:《路标》,孙周兴译,商务印书馆 2000 年版,第 285 页。
④ [德]海德格尔:《路标》,孙周兴译,商务印书馆 2000 年版,第 286 页。
⑤ [古希腊]亚里士多德:《物理学》,张竹明译,商务印书馆 1982 年版,第 43 页。
⑥ [古希腊]亚里士多德:《形而上学》,苗力田译,中国人民大学出版社 2003 年版,第 90 页。
⑦ [古希腊]亚里士多德:《物理学》,张竹明译,商务印书馆 1982 年版,第 43 页。
⑧ [古希腊]亚里士多德:《形而上学》,苗力田译,中国人民大学出版社 2003 年版,第 88 页。

而它是导致自然的过程。"① 在这里，"自然"表示的是自然物成为存在的一种产生方式。海德格尔指出："产生，在'生长物'和'制作物'那里，是各不相同的。"② "制作，即 ποίησις，乃是一种制造方式，而'生长'（回到自身，出于自身的涌现），即 φύσις，乃是另一种制造方式。"③ 因此，"自然"作为自然物的产生方式，是一种自行的"制造"——由于自身涌现而自行去蔽（从遮蔽而来进入无蔽状态），从而达乎显露，进入敞开域。"自然"式的产生具有自主生长性，是一种自发的在场，即在自身中站立而成为存在者。正如海德格尔指出："φύσις 乃是那种从自身而来、向着自身行进的它自身的不在场化的在场化。作为这样一种在场化，它始终是一种返回自身的行进，而这种行进又只不过是某种涌现的通道。"④

"自然"是自然物的"在场方式"。存在者以何种方式在场值得我们关注，因为任何的一个存在物都以一种具体的在场状态和我们照面。亚里士多德说："'按照自然'这一用语对于自然物，对于它们因本性而有的各种表现都是可用的。"⑤ 可见，"自然"表示的是自然物的一种在场状态，"Φύσις 应为 oὐσία，亦即存在状态——那种标志着存在者之为存在者的东西，即是存在"⑥。"按照自然"是一种基于自然规律、由自然自身支撑下的在场方式，人类的外在行为没有影响到此种在场。因此，"自然"作为一种在场方式，是本真的、符合内在本性的存在状态，"自身展开的生长本身就是返回到自身中。这种在场方式就是 φύσις"⑦。

由此可见，在亚里士多德的"自然"概念中，"自然"是自然物的一种"存在本原""在场方式""运动根源""产生方式"。因此，作为本性的"自然"表征的是存在者在本体论上的存在之因，即表征着自然物"是其所是"的本质——内在的、固有的本然态存在。在这里，"自然"表示的是存在者为何成为存在的，即成为存在的缘由是什么，"指的是那种招致某物，即让某个

① ［古希腊］亚里士多德：《物理学》，张竹明译，商务印书馆 1982 年版，第 46 页。
② ［德］海德格尔：《路标》，孙周兴译，商务印书馆 2000 年版，第 336 页。
③ ［德］海德格尔：《路标》，孙周兴译，商务印书馆 2000 年版，第 337 页。
④ ［德］海德格尔：《路标》，孙周兴译，商务印书馆 2000 年版，第 349 页。
⑤ ［古希腊］亚里士多德：《物理学》，张竹明译，商务印书馆 1982 年版，第 44 页。
⑥ ［德］海德格尔：《路标》，孙周兴译，商务印书馆 2000 年版，第 301 页。
⑦ ［德］海德格尔：《路标》，孙周兴译，商务印书馆 2000 年版，第 294 页。

存在者成其所是"①。自然物存在的原因是内在的。自然物是从其自身中涌现出来而具有存在状态。制作物（人工物）存在的原因不是"自然"，而是外在的"其他原因"，即技艺或技术等"非自然"的因素。可见，存在者的存在有两种原因，一些存在者（自然物）是"由于自然"而成为存在，一些存在者（人工物）是"由于技术或技艺"而成为存在。因此，在这里，正如海德格尔指出的："φύσις 立即被确定为'原因'了。"②

自亚里士多德以来，很多哲学家都研究了"自然"概念。在德国哲学家康德的哲学体系中，"自然"也是一个重要的研究范畴，他对于"自然"概念的阐释对于我们进一步理解作为本性的"自然"具有启发性。

在康德的"自然"观念中，一是指质料意义上的自然，"作为一切事物的总和，这是就它们能够是感官的对象、从而也是经验的对象而言的"③，这是描述性的，指的是外在于我们的自然物或自然界；二是指形式意义上的自然，"属于一个事物的存在的一切东西的内在第一原则"④，这是规范性的，规定了事物是其所是的本质，"自然就是事物的存在，这是就存在按照普遍的规律被规定而言的"⑤。"在康德看来，自然并不仅仅是感官世界或物质世界，而且更是事物的内在原则和倾向，它构成了物质事物的存在。"⑥ 在这里，自然是物自身的存在，是内在的、固有的本来态，是普遍的规律或法则，因此"自然的"就是合乎规则的，这样的规则是内在的、固有的规范性。"自然是属于一个事物因果性存在的所有原则中的最初的、一般的、内在的、客观的那个原则。"⑦ 可见，在康德看来，自然不仅是一种存在物，更是指存在物的存在本性（合乎内在的规范性）。正如海德格尔指出："Φύσις 乃是这样一种东西，它招致持久者的一种特有的'自立'（Insichstehen）"⑧，即让某个存在者成其所是。这里的存在者指的是自然物，因为只有自然物才是合乎内在的规范性，而技术人工物合乎的是外在的规范性。因此，作为存在本原、运动

---

① ［德］海德格尔：《路标》，孙周兴译，商务印书馆 2000 年版，第 284 页。
② ［德］海德格尔：《路标》，孙周兴译，商务印书馆 2000 年版，第 283 页。
③ 李秋零主编：《康德著作全集》（第 4 卷），中国人民大学出版社 2013 年版，第 476 页。
④ 李秋零主编：《康德著作全集》（第 4 卷），中国人民大学出版社 2013 年版，第 476 页。
⑤ 李秋零主编：《康德著作全集》（第 4 卷），中国人民大学出版社 2013 年版，第 296 页。
⑥ 张汝伦：《什么是自然？》，《哲学研究》2011 年第 4 期。
⑦ Immanuel Kant, *Lectures on metaphysics*, Cambridge：Cambridge University Press, 1997, p. 231.
⑧ ［德］海德格尔：《路标》，孙周兴译，商务印书馆 2000 年版，第 285 页。

根源、产生方式、在场方式——本性的"自然"实际上表征着"内在规范性"。而自然物正是遵循着这种"内在规范性"而存在的,技术人工物则是在去"内在规范性",遵循的是"外在规范性"。

不仅如此,作为本性的"自然"还反映着自然物"何所为"。亚里士多德指出:"自然是一种原因,并且就是目的因。"① 康德对作为目的的"自然"作了进一步发挥。"在《判断力批判》中,他又提出了自然的合目的性,以图对近代机械论的自然观有所纠正。"② 康德认为:"全部自然是一个按照目的规则的系统。"③ 康德的"自然目的论"强调的是自然内在的目的,而不是外在的目的,"'目的'是自然的'目的',而不是神或者人'加诸—赋予'自然的"④。"在目的论层面上,自然以其形式的合目的性作为先验原理形成了一个目的论系统,当然这一目的是以自然本身为目的的。"⑤ 因此,在这里,康德指出了作为本性的"自然"的另一层内涵——合乎内在目的性。康德所指出的作为自然物存在目的的"自然",是在自然之内而不是在自然之外,因而具有内在性、先验性、必然性。"自然的形式合目的性的原则是判断力的一个先验原则。"⑥ 自然物合乎的是内在的、固有的(自然的)目的,而技术人工物合乎的是外在的目的,即技术的、人类的目的。

鉴此,在亚里士多德的"自然"观念中,我们需要领悟到"作为本性的自然"这层内涵;而在康德的"自然"概念中,我们需要进一步认识到作为本性的"自然"意味着内在性,其表征的是一种内在的"存在之因"——内在的规范性和内在的目的性。"顺其自然",实际上遵循的是"一种原初的、本真的内在性"。因此,今天,我们不仅需要关注到作为自然物或自然界的"自然",更要认识到作为本性的"自然",这样才能正确把握"自然"的本真内涵。

(二)"非自然性"的内涵

1. 提出"非自然性"这一概念的缘由

为什么要提出和分析"非自然性"这一概念呢?自然表征的是内在规范

---

① [古希腊]亚里士多德:《物理学》,张竹明译,商务印书馆1982年版,第65页。

② 张汝伦:《什么是自然?》,《哲学研究》2011年第4期。

③ 李秋零主编:《康德著作全集》(第5卷),中国人民大学出版社2013年版,第394页。

④ 叶秀山:《论康德"自然目的论"之意义》,《南京大学学报》(哲学·人文科学·社会科学)2011年第5期。

⑤ 胡友峰:《论康德自然概念的三个层次》,《文艺理论研究》2014年第6期。

⑥ 李秋零主编:《康德著作全集》(第5卷),中国人民大学出版社2013年版,第190页。

性。因此，自然的或自然物指的是其成为存在不依靠人类行为，不受人类影响。"自然的领域组成了这样的领域，其中对象行为按照它们自己的原理变化，而不被任何人类所干预。自然对象不是人类制造的，自然过程是没有人类干预的过程。"① 自然表征的是内在目的性。因此，自然的或自然物指的是其成为存在不是为了人类的目的。"'自然的'成为存在，是摆脱了人类的意志和操纵，是自主性的存在。"② 非自然（不自然）是与自然相对，因而"非自然的"指的是介入了人类的行为和目的。"人工物并不按照自己的原理变化。"③ 因此，"非自然的"指向的是外在的规范性（技术的）、外在的目的性（人类的）。所有人工物都是非自然的（不自然的）。随着科学的发展、技术的进步，人类几乎可以把整个的自然（包括生命的和非生命的）转变为人工的，甚至可以制造出不依赖自然的人工物。可以说，在技术时代没有人类痕迹的纯自然（自然 p④）已所剩无几，我们正处在一个技术人工物的世界里。因此，我们以一种"自然 & 不自然"的非此即彼的思维来反思我们面前的存在物，似乎意义不大。

尽管所有的人工物都不是自然的，但是并不意味着它们不存在差异。自然物的本性是自然，遵循的是内在的规范性和目的性；人工物的本性是非自然，即技术或技艺，遵循的是外在的规范性和目的性。这是自然物和人工物之间的存在论差异。技术人工物是人类利用技术有意识地、有目的地干预自然的产物。因此，技术人工物的制造是一个技术化（人工化）的过程，也是一个去自然化的过程。而不同的技术人工物由于受到人类的干预度不一样，因而其人工性是不一样的，其远离自然的程度，即其去"内在规范性"和"内在目的性"的程度也是不一样的。

对此，笔者提出"非自然性"这一概念，以表征技术人工物的去自然化

---

① ［荷兰］彼得·克罗斯：《物理学、实验和"自然"概念》，载汉斯·拉德《科学实验哲学》，吴彤等译，科学出版社 2015 年版，第 61 页。

② Keekok Lee, *The Natural and The Artefactual: The Implications of Deep Science and Deep Technology for Environmental Philosophy*, Lanham, Md.: Lexington Books, 1999, p. 82.

③ ［荷兰］彼得·克罗斯：《物理学、实验和"自然"概念》，载汉斯·拉德《科学实验哲学》，吴彤等译，科学出版社 2015 年版，第 61 页。

④ "自然 p"认为"自然的"必须是质朴的、纯洁的（pristine）。参见 Keekok Lee, *The Natural and The Artefactual: The Implications of Deep Science and Deep Technology for Environmental Philosophy*, Lanham, Md.: Lexington Books, 1999, p. 83。

程度（远离其自然状态下本真、原初的面貌的情况，也即"自然"的剩余情况）。随着技术的进步，技术越来越"深"，越来越有"力"，以及人类意向性的凸显，所制造的技术人工物的"自然"（内在本性）在减少，"技术"（外在本性）在增加，变得越来越不自然——离其自然状态下的本来面貌越来越远，即越来越以不自然的状态与人类照面，也即"非自然性"在提高。由此可见，我们对技术人工物是否"自然"的追问应该转变到对其"非自然性"的反思。这样，我们才能对技术人工物获取本体论上的认识，才能分清技术人工物之间的本体论差异。

那么具体来讲，何谓"非自然性"呢？对"非自然性"的哲学追问，我们应该基于作为本性的"自然"这层内涵来阐释。

2. 非自然性表征去"内在规范性"程度

从"存在本原"上看。技术人工物的质料有的是自然实体，如石头雕像的质料——石头，杂交作物的质料——自然植物，也有的是技术性实体，即通过技术对自然实体在个体层面的改造或在分子、原子层面上的创造，如塑料雕像的质料——塑料，转基因作物的质料——功能基因。而且越是在微观层次对自然实体的重塑，这样的质料的自然性就越低，人工性也就越高。随着技术的进步，技术人工物的本原更多是由技术性实体构成的，而不是由自然实体构成的，也就是说，"自然"的成分在减少，而"技术"的成分在增加，从而也就使得技术人工物的"非自然性"在提高。因此，判断一个技术人工物去"内在规范性"的其中一个指标是：在其构成的本原中自然实体的减少情况。如果自然实体越少，人工实体越多，那么该技术人工物的去"内在规范性"就越多，也即其"非自然性"也就越高。

从"在场方式"上看。在以往，尽管技术人工物的在场方式是技术的，但是依旧保留着较多的自然性。技术往往是迎合自然。但是，在今天的技术发展下，我们已经可以制造生命了，甚至可以制造"人"了——例如基因编辑技术等。如此，τέχνη（技术）不是在迎合而是在取代 φύσις（自然），成为生命类人工物的ἀρχή（根源），犹如亚里士多德所论述的制作物（非生命类的）一样。这样，生命的本质、尊严受到了挑战；生命的意义在消亡，人的主体性在丢失。"这是对［自然—存在］的极端的胡作非为。"[①] 随着技术

① ［德］海德格尔：《路标》，孙周兴译，商务印书馆2000年版，第298页。

的进步，技术人工物的在场方式越来越不自然，越来越凸显技术性，甚至在走向反自然的存在状态。在技术人工物的在场方式中，技术力量发挥的作用越大，其非自然化的存在就越明显。因此，去"内在规范性"的一个判断指标是：在存在方式中"自然"的减少情况，即一个技术人工物"自然化"的存在越少，则其去"内在规范性"就越多，也即其"非自然性"越高。

从"运动根源"上看。尽管在技术人工物中，ἀρχή（根源）并不在它们本身中，而是在技术那里。但是，其自身中存在的ἀρχή依旧发挥着一定的作用。只不过，这是由于偶性而不是本性。但是，随着现代技术的发展，技术人工物自身中的ἀρχή在越来越少，而在制造者中的外在的根源（技术）越来越凸显。因而在运动根源上，技术人工物离φύσις（自然）越来越远；而离自然越远，其非自然性就越高。由此，去"内在规范性"的一个判断指标是：运动的内部根源（自然）的减少情况，即一个技术人工物内部的运动根源越少，则其去"内在规范性"就越多，也即其"非自然性"也就越高。

从"产生方式"上看。在以往技术人工物的产生中，尽管起到主导作用的是"制作"，但是尤其在生命类技术人工物中，"生长性"依旧具有一定的角色。可是，随着技术越来越"深"，在技术人工物的产生方式中，"生长"性越来越少，而"制作性"越来越凸显，即第一种产生方式的角色在不断减少，而第二种产生方式的角色在不断变重，甚至可以说完全摆脱了第一种产生方式，而完全依赖第二种产生方式，这甚至体现在生命类技术人工物中。技术人工物是在外力的作用下在场的，而且在其在场化的过程中，"技术"发挥的作用越大，则"自然"发挥的作用就越小，如此，从技术人工物的产生方式看，其"非自然性"就增加了。因此，判断技术人工物的去"内在规范性"一个很重要的指标是：其产生方式中"自然"制造的减少情况，即"自然"产生方式的作用越少，"技术"产生方式的作用越大，那么其去"内在规范性"就越多，也即其"非自然性"也就越高。

3. 非自然性表征去"内在目的性"程度

自然物为了内在的目的而存在，即其存在的价值和意义在于自身之中。而技术人工物存在的价值在于执行某种实践性功能，服务于人类的、外在的目的。非生命类技术人工物充分体现着这一点。例如，一个石头雕像、一束塑料玫瑰花，都只具有相对于人类的外在的、工具性的价值，而没有任何内在的价值。如果没有了人类，他们也就失去了存在的意义。也就是说，这样的人工物是"为他者"而不是"为自身"而存在着。但是，对于传统的生命类技术人工物则不然，它们既执行着实践性功能，又执行着属于生物自身的内在功能，即不仅"为他者"，而且"为自身"而存在着。如此，这样的生命类技术人工物的存在不仅符合外在的目的，同时也具有一定的内在目的。但是，从价值论视角看，随着技术的进步，在生命类技术人工物中，内在的（自然的）目的在不断地减少，外在的（技术强加的）目的在不断地增加，在极端的情况下，外在的目的正在取代内在的目的。例如，从传统作物到杂交作物再到转基因作物的培育，就充分说明了这一点。在转基因作物的培育中，不再像杂交作物的培育那样，依旧需要照顾生物的内在本性，而完全可以以人类意向性为主导，只服务于人类的外在需要。这样的生命类技术人工物将不再是"为自身"，而是"为他者"而存在着。可见，随着技术的进步，生命类技术人工物越来越在合乎外在的（人类的）目的，而不是内在的（自然的）目的，即在不断地去"内在目的性"。考察技术人工物的功能去"内在目的性"，就要分析其功能设计和展现中"自然"和"技术"的对比关系。因此，在一个技术人工物中，"自然"（内在）的目的越少而技术（外在）的目的越多，那么其去"内在目的性"就越多，也即其"非自然性"也就越高。

二 转基因技术的"非自然性"分析何以可能

（一）转基因作物属于生命类技术人工物

何谓技术人工物？存在物可以分为：自然物、自然$_{hi}$（nature as affected by human impact）[1]和人工物。贝克认为：人工物是有意被制造（made）出来达到给定目的的客体（object）。[2] 人工物具有人类意向性，这是人工物与自然$_{hi}$的本质性差异。人工物又可以分为社会人工物（例如诗歌、纸币等）、技艺人工物（例如石头雕像、传统作物等）、技术人工物（例如塑料雕像、杂交作

---

[1] 自然$_{hi}$，即受到了人类影响的自然物，人类对其干预是无意向性目的的，例如被人走过的沙滩。

[2] Lynne Rudder Baker, "The Ontology of Artifacts", *Philosophical Explorations*, Vol. 7, No. 2, 2004.

物、转基因作物等)①，具体参见图 2 - 1。

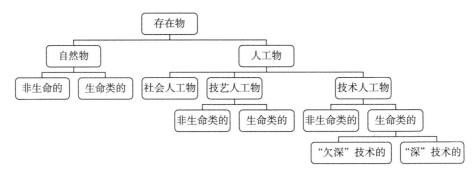

图 2 - 1　存在物的分类

克劳斯与梅耶斯指出，我们认识和解释世界有两种方式：一是把世界看成由因果链条支配的物理对象；二是把行为主体（主要是人类）看成世界的组成部分，其意向性地表征和干预世界。② 正是在人类意向性下，自然物转变为人工物。因此，贝克认为：人工物是"意向性依赖"（intention-dependent）的物体，即没有人类的心智（mind）介入，人工物在这个世界上就不会存在。③ 托马森也赞成人工物具有心智依赖性，"从表面上看，人工物因其显在的智力因素不同于常识上的自然物质，至少是在这个意义上（不同于岩石和树木）如果不是人类的信仰、实践，和/或制造和使用它们的人类的意图，它们将不会存在"④。人类意向性不仅体现在人工物"之所以成为存在"上，而且也体现在其"成为什么样的存在"以及"为了什么的存在"上，"人工物在本质上拥有预期的恰当功能，这是由具有信念、欲望、意图的人类赋予的"⑤。可见，人工物具有人类意向性，即其内含着人类的知识、文化、精神、劳动等。如果人类没有意向性地干预自然，就不会有人工物。因此，我们需

---

①　在一般情况下，本书对技艺和技术不作明显区别，因而把传统作物、杂交作物、转基因作物都称为生命类技术人工物。

②　Peter Kroes and Anthonie Meijers，"The Dual Nature of Technical Artifacts-presentation of a new research programme"，*Techné*：*Research in Philosophy and Technology*，Vol. 6，No. 2，2002.

③　Lynne Rudder Baker，"The Shrinking Difference Between Artifacts and Natural Objects"，*American Philosophical Association Newsletter on Philosophy and Computers*，Vol. 7，No. 2，2008.

④　［美］埃米尔·L. 托马森：《形而上学中的人工物》，载安东尼·梅耶斯《技术与工程科学哲学》（上），张培富等译，北京师范大学出版社 2015 年版，第 226 页。

⑤　Lynne Rudder Baker，"The Shrinking Difference Between Artifacts and Natural Objects"，*American Philosophical Association Newsletter on Philosophy and Computers*，Vol. 7，No. 2，2008.

要认识到人工物的存在具有心智依赖性,其产生、存在的价值(即功能的展现)都是人类意识的产物。这正如贝克指出的:"人工物在存在上(existentially)而非仅仅因果关系上依赖人类,在这种意义上,如果某种物体被称为人工物,那么在形而上学上(metaphysically),就要求存在着人类有目的的活动。"① 在这里,"存在上"指的是作为具有功能的人工物的存在,而不是指其在结构意义上的存在。

但是,我们还需要注意的是人工物具有实在性的一面,尤其对于技术人工物来讲更是如此。托马森敏锐地指出:"心智依赖性在哲学论述中往往更多的是导致模糊而非清晰,因此我们必须谨慎地判明可能对人工物进行恰当的说明的心智依赖观念。"② 托马森的观点很有道理。因为只强调技术人工物的心智依赖性,就会走向技术人工物非实在性的立场。而实际上,技术人工物还具有物质依赖性的一面,其成为"存在"的物质基础(质料)是不以人的意志为转移的,具有"自然性"特征。"说人工物在存在上依赖于人类的意向性,当然,并不是说人的意向、实践、习俗、信仰或欲望本身就足以使人工物存在。"③ 不仅如此,一旦技术人工物被制造出来,其就是一个具有特定形状(形式)的物质实体。而且这样的"形式"一旦形成了,那么就不具有心智依赖性,尽管作为人类意向性作用于"质料"的产物的"形式"具有"人工性"特征。例如,如果某人把一部坏了的手机当作垃圾扔掉了,那么作为对于人类来说,具有特定使用价值的手机消失了,但是作为具有一定物质基础的物体依然存在着。因此,技术人工物是一个自然类④,具有实在性,拥有本体论身份,不过需要指出的是,技术人工物与自然物具有不同的本体论层次。

克劳斯和梅耶斯这样定义技术人工物:人工物中具有人类所期待的被设计的一些功能;人工物中有"技术"介入;人工物具有物质性特征依赖性。⑤

---

① [美]埃米尔·L.托马森:《形而上学中的人工物》,载安东尼·梅耶斯《技术与工程科学哲学》(上),张培富等译,北京师范大学出版社2015年版,第227页。

② [美]埃米尔·L.托马森:《形而上学中的人工物》,载安东尼·梅耶斯《技术与工程科学哲学》(上),张培富等译,北京师范大学出版社2015年版,第227页。

③ [美]埃米尔·L.托马森:《形而上学中的人工物》,载安东尼·梅耶斯《技术与工程科学哲学》(上),张培富等译,北京师范大学出版社2015年版,第229页。

④ 叶路扬、吴国林:《技术人工物的自然类分析》,《华南理工大学学报》(社会科学版)2017年第4期。

⑤ Peter Kroes and Anthonie Meijers, "Reply to Critics", *Techné*: *Research in Philosophy and Technology*, Vol. 6, No. 2, 2002.

第一点是相对于自然物而言的，技术人工物具有外在的功能；第二、第三点是针对社会人工物而言的，技术人工物是由"技术"制造的。技术人工物不仅具有外在功能性，而且这样的功能展现具有结构（物理的、化学的、生物的）依赖性，而社会人工物不具有结构依赖性。因为"如果忽视其物质性的特征，那么将无法理解技术人工物。这与社会人工物不同，当你忽视了纸币的物理的、化学的结构时，依旧可以理解其代表多少钱，因为社会人工物是基于人类协议来建构的"①。由此可见，技术人工物是人类意向性作用于自然物质而被制造出来具有一定使用价值的技术实体。因此，技术人工物是物质性（实在性）和意向性（建构性）的统一。

随着技术的进步，人类的意向性和技术力量不仅侵入几乎所有的非生命的自然界，而且也介入生命自然界。我们的造物行动发生着这样的变化：从造"弱"人类意向性人工物到造"强"人类意向性人工物；从物理造物到化学造物再到生物学造物；从造非生命类人工物到造生命类人工物；甚至随着基因编辑技术等新兴技术的会聚，造物行动正在从造非人类生命人工物走向制造人类自身。因此，技术人工物可以是非生命的，也可以是有生命的，"技术人工物可以是物理的、化学的或生物的物质实体"②，甚至现代"深"生物技术正在使得自然生命体发生着本体论上的变化。如此，我们不仅在制造"欠深"技术生命类人工物，也在制造"深"技术生命类人工物。

因此，我们要走出这样的视野，把技术人工物仅仅局限在非生命类技术人工物上，而实际上，还包括生命类技术人工物。由转基因技术培育的转基因作物、由杂交技术培育的杂交作物等都属于生命类技术人工物，并具有一般性技术人工物的属性。根据米切姆对技术的理解：技术作为知识、技术作为意志、技术作为活动、技术作为物体。由此，对技术的追问的落脚点应该是，在技术意志支配下利用技术知识并通过技术活动而制造出来的技术人工物。因此，技术的"非自然性"分析应该指向技术人工物的"非自然性"分析，同样地，对转基因技术"非自然性"的分析应该指向转基因作物的"非自然性"分析。而转基因作物属于技术人工物，由此，回答转基因作物的

① Peter Kroes and Anthonie Meijers，"Reply to Critics"，*Techné：Research in Philosophy and Technology*，Vol. 6，No. 2，2002.

② 吴国林：《论分析技术哲学的可能进路》，《中国社会科学》2016 年第 10 期。

"非自然性"分析何以可能，应该从探寻一般性技术人工物的"非自然性"分析路径出发。

（二）技术人工物"非自然性"分析的路径

如何解构技术人工物？这是分析技术人工物的"非自然性"必须要回答的问题。克劳斯说："世界充满着技术装置，以至于现代西方生活变得完全取决于了技术。"[①] 德绍尔（Friedrich Dessauer）提议在康德提出的纯粹理性、实践理性以及审美理性三大批判之外，加上第四个批判——技术的制造批判。[②] 但是以往的技术批判，主要指向的是技术人工物的外在价值和社会效果，而缺少对技术本身的内在研究。普雷斯顿（Beth Preston）指出："哲学研究主要致力于特殊人工物（艺术品和精致工业技术产品）的美学、伦理学和社会价值的研究，一般没有论述人工物的基本本体论和认识论。"[③] 为了改变技术人工物本体论研究缺乏这一现状，技术的哲学分析应该循着德绍尔的思路进行一种回归：从技术人工物外在影响的价值论批判回归到技术人工物内在本性、制造实践的本体论研究。如此，我们才可以解构技术人工物，揭示其本体论特征，也才可能对技术人工物对于人类的生活和生产以及人与自然的关系产生的巨大影响做出本质性解释。

那么，我们如何对技术人工物进行内在性研究，以分析"物质性"和"意向性"在其内部的具体表现呢？

荷兰学派在技术人工物本体论研究上富有创见。克劳斯和梅耶斯提出的"结构—功能"双重性理论："结构和功能是技术人工物本体论上的根本性特征（fundamental character），而不是次要的或补充的（second or supplementary）特性。"[④] 这对我们解构技术人工物，打开其"黑箱"，以建立技术人工物的"非自然性"分析路径，具有启发性。

"结构"表征的是作为物质实体的技术人工物"是其所是"。技术人工物

---

① Peter Kroes，"Engineering and the Dual Nature of Technical Artifacts"，*Cambridge Journal of Economics*，Vol. 34，No. 7，2010.

② ［美］卡尔·米切姆：《通过技术思考》，陈凡等译，辽宁人民出版社 2008 年版，第 41—42 页。

③ ［美］贝丝·普雷斯顿：《人工物功能的哲学理论》，载安东尼·梅耶斯《技术与工程科学哲学》（上），张培富等译，北京师范大学出版社 2015 年版，第 248 页。

④ Peter Kroes and Anthonie Meijers，"Reply to Critics"，*Techné：Research in Philosophy and Technology*，Vol. 6，No. 2，2002.

的结构是质料与形式的统一。质料是结构的根基，是物质基础；没有质料或者没有好的质料，结构就无法真正成为功能展现的物质载体。例如，一把"可用"的椅子需要"好"的木材。形式是质料的实现，是结构的可感态、现实态，是结构成为输出和展现预期功能的"完成态"。例如，一块木头无法实现使人坐起来舒适的功能，而只有把木头打造成具有椅子形状的椅子，才能实现这样的功能。

技术人工物结构的"质料"源于自然物，具有自然性而非心智依赖性。因此，技术人工物的"结构"首先是物质的，对此，克劳斯和梅耶斯认为："人工物的结构（物理的、化学的、生物学的）是非意向性的特性。"[1] 同时，技术人工物的"结构"也是意向性的。因为只有通过对结构的"形式"进行技术地、外在地人工设计、制造，其才能成为可以输出特定功能的"结构"。由此，技术人工物结构的"形式"一部分是固有的、自然的"形式"，体现的是"内在规范性"；而另一部分是人类意向性建构的产物，是强加的、技术的"形式"，体现的是"外在规范性"。

"功能"表征的是作为具有特定使用价值的技术人工物"何所为"。关于技术人工物的功能属性，一些学者持"强"意向论的观点。克劳斯和梅耶斯指出："人工物的功能是意向性的特性。"[2] 卢恩斯（Tim Lewens）认为人工物由于外在于它们的事实而具有功能：一种工具是用来做什么的取决于它的设计历史或使用形式，而不是内部结构。[3] 塞尔（John Searle）认为人工物的社会实在性是由人类主体创造的，麦克劳克林（Peter McLaughlin）坚持认为人工物的功能完全依靠制造者和/或使用者的意向。[4] 但是，也有一些学者注意到了技术人工物功能的非意向性特征。"这种非意向性特征被格里菲思（Paul Griffiths）精心制作并赋予了更重要的地位。"[5] 不可否认，技术人工物的功能

---

[1] Peter Kroes and Anthonie Meijers, "Reply to Critics", Techné: Research in Philosophy and Technology, Vol. 6, No. 2, 2002.

[2] Peter Kroes and Anthonie Meijers, "Reply to Critics", Techné: Research in Philosophy and Technology, Vol. 6, No. 2, 2002.

[3] ［英］蒂姆·卢恩斯：《功能》，载莫汉·马修、克里斯托佛·斯蒂芬斯《生物学哲学》，赵斌译，北京师范大学出版社2015年版，第638页。

[4] ［美］贝丝·普雷斯顿：《人工物功能的哲学理论》，载安东尼·梅耶斯《技术与工程科学哲学》（上），张培富等译，北京师范大学出版社2015年版，第254、256页。

[5] ［美］贝丝·普雷斯顿：《人工物功能的哲学理论》，载安东尼·梅耶斯《技术与工程科学哲学》（上），张培富等译，北京师范大学出版社2015年版，第258页。

是人类意向性的产物，具有心智依赖性，但是也与其结构有关，结构是功能展现的物质载体。

普雷斯顿指出人工物有两种不同类型的功能：一是具备在历史上被再生产的功能，她称之为"专属"功能；二是没能被生产却具有的功能，她称之为"系统"功能。① 李伯聪认为人工物的本性是"半自在之物"，"所谓半自在之物就是半自在半为人之物。人工物的半自在性是说它要'服从'自然规律和它不可避免地表现出自然的因果性，从这个方面看它带有自在之物的性质。人工物的半为人性是说它是由于从属于人的目的才被创造出来和得以'存在'的"②。"系统"功能是技术人工物作为"半自在性"的体现。这种功能的产生与技术人工物内在的、自然的结构有关，而与人类的设计意向性无关。因而这是一种内在性功能，体现的是"内在目的性"。而"专属"功能则是技术人工物作为"半为人性"的体现。这是人类为了自己的需要而进行意向性地设计和建构的产物，这种功能的产生是基于外在的、技术的结构。因而这样的功能是外在性功能，体现的是"外在目的性"。

技术人工物的"结构"分析，是要把"人工物看作物理实体"（artifact-as-physical-object）③ 来对待，即要分析其结构的物质基础（质料的属性——存在本原）和形成（运动根源、存在方式、形成方式）。技术人工物的"功能"分析，是要把"人工物看作由意向性形成的对象"（object-as-intentional-ly-formed-artifact）④ 来对待，即要分析其功能设计和展现中人类意向性（文化、知识、精神、目的、价值等）的体现情况。而且，功能的呈现具有语境性，即与设计者的设计语境和使用者的使用语境具有相关性。对技术人工物的本体论分析需要从结构和功能两方面同时进行，缺一不可。"在物理概念下不能详尽地描述技术人工物，因为未能表征它们的功能特征，同样地，在意向性概念下，也不能详尽地描述技术人工物，因为必须在一个属于它的适当

---

① ［美］贝丝·普雷斯顿：《人工物功能的哲学理论》，载安东尼·梅耶斯《技术与工程科学哲学》（上），张培富等译，北京师范大学出版社2015年版，第262页。

② 李伯聪：《工程哲学引论》，大象出版社2002年版，第339页。

③ Peter Kroes and Anthonie Meijers, "The Dual Nature of Technical Artifacts-presentation of a new research programme", *Techné*：*Research in Philosophy and Technology*, Vol. 6, No. 2, 2002.

④ Peter Kroes and Anthonie Meijers, "The Dual Nature of Technical Artifacts-presentation of a new research programme", *Techné*：*Research in Philosophy and Technology*, Vol. 6, No. 2, 2002.

的物理结构中才能认识到它们的功能性。"① 因此，克劳斯认为："一个完整的技术人工物描述包括功能和结构特征描述，功能描述和结构描述是存在关联的，而技术人工物结构描述和功能描述的衔接必须与它们的意向性特征联系起来。"② 因此，从意向性出发，结构和功能两者的描述就可以有机结合，共同表征技术人工物的本性。

鉴此，"结构—功能"双重性理论为我们分析技术人工物的"非自然性"提供了一条内在性路径。技术人工物的"非自然性"分析就是要考察在人类意向性作用下"自然性"与"技术性"在其内部的呈现情况，即一是要对技术人工物进行"结构"分析，分析其"结构"形成中去"内在规范性"的情况；二是要对技术人工物进行"功能"分析，分析其"功能"展现中去"内在目的性"的情况。

需要指出的是，克劳斯与梅耶斯提出的技术人工物"结构—功能"分析框架是针对非生命类技术人工物而言的。但是，随着生物技术变得越来越"深"，其对生命的干预达到了新的程度——不仅在改变生命体的特性，而且也在本体论上对生命的存在、进化产生着根本性的影响。因此，与非生命类技术人工物一样，生命类技术人工物也具有"制造性"特征，也具有结构—功能双重性（相比于非生命类技术人工物，其结构多了生物学特征）。所以，技术人工物的双重性理论同样可以用来分析生命类技术人工物的"非自然性"。而且，基因编辑技术等新兴技术的融合，必将极大地推进人工生命的制造。而生命类技术人工物的释放，势必会对环境、自然存在和人类自身产生更为深远的、不可预知的影响，因此对于生命类技术人工物的"非自然性"进行分析是非常重要的。

（三）技术人工物"结构"去"内在规范性"分析

技术人工物"结构"的形成是人类意向性的产物，即人类通过技术力量，把"潜能态"的自然物质转变为"现实态"的技术物体。"人工物的制造是对自然物一种或多种特性的有意修正（事物包括无特定形状的材质），从而导

---

① Peter Kroes and Anthonie Meijers, "The Dual Nature of Technical Artifacts-presentation of a new research programme", *Techné*: *Research in Philosophy and Technology*, Vol. 6, No. 2, 2002.

② Peter Kroes, "Coherence of structural and functional descriptions of technical artifacts", *Studies in History and Philosophy of Science*, Vol. 37, No. 1, 2006.

致了人工物的创造。"① 作为解蔽方式,"自然"与"技术"都是使某物从遮蔽而来,走向去蔽而在场,因此,都是存在物的一种存在的本原、运动的根源、在场方式/存在状态、产生方式,即一种存在的原因。自然物的本性是"自然",是自然存在者。技术人工物的本性是"非自然"(技术/技艺),是技术存在者,但是,"自然"在技术人工物"结构"制造中依旧发挥着一定作用。由此,自然物具有自然性,其"结构"遵循"内在规范性";而技术人工物是自然性与技术性的统一,其"结构"在遵循"外在规范性"的同时,在不断地去"内在规范性"。所以,尽管技术人工物的制造是一个技术化(人工化)的过程,也是一个去自然化的过程,但是不同技术人工物"结构"去"内在规范性"的程度是不一样的。对此,我们需要分析在自然物转变为人工物的过程中,"自然"的剩余情况。在一个技术人工物中"自然"越少,"非自然"(技术)越多,则表明其离"自然"越远,即"非自然性"则越高。而在"非自然性"不断的增加中,极端的情况是走向了反自然。具体来讲,技术人工物"结构"去"内在规范性"分析。

一是要分析"结构"形成中,"自然"与"技术"在其存在本原、运动根源、产生方式、在场状态四个方面(即结构形成四要素,参见图 2-2)的显现情况,即要判断在技术人工物的"结构"制造中"技术"在多大程度上取代了"自然"。如果在一个技术人工物"结构"形成中,"技术"发挥的作用越大,而"自然"剩余的越少,那么其去"内在规范性"就越多。

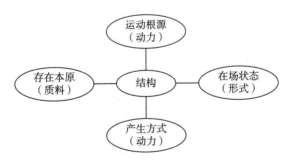

图 2-2　技术人工物结构形成四要素

---

① 〔荷兰〕马尔滕·弗兰森:《人工物和规范性》,载安东尼·梅耶斯《技术与工程科学哲学》(中),张培富等译,北京师范大学出版社 2015 年版,第 1033 页。

在非生命类技术人工物方面，克克李比较了三种雕像的"结构"形成[①]：一个花岗岩雕像，它的质料——花岗岩是一种能被在自然界找到的自然类，其可以通过使用铁锤、锲等工具，采用爆破碎屑技术来制成；一个塑料雕像，它的质料——塑料在自然中是不存在的，但是其源自自然中的一种物质——油类（oil），其是由化学、地质学等科学理论引导的技术制成的；一个雕像（在未来将被制成），它的质料与塑料不同，是由分子纳米技术创造的，这种质料不是来自像油类或沙子等由自然生成的物质，而是对一种元素（像碳元素）在分子和原子层面上的重新组合构造而成的。由此可见，从花岗岩雕像到塑料雕像再到未来雕像的相应结构形成中，在其存在本原、存在状态（在场方式）、运动根源、产生方式上，"自然"这个力量发挥的作用在减少，技术这个力量发挥的作用增大，因此去"内在规范性"在增加，相应地，"非自然性"也在提高。

对于生命类技术人工物，从传统作物到杂交作物再到转基因作物的"结构"形成（参见表 2 - 1），"技术"在凸显而"自然"在消退，即呈现出这样的趋势：在"存在本原"上自然性实体在减少而技术性实体在增加；在"运动根源"上自然力在减弱而技术力在增强；在"产生方式"上自行（自然）制造在减少而制作式的制造在增加；在"在场状态"上自然化存在在减弱而技术化存在在增强。可见，从传统作物→杂交作物→转基因作物，在其"结构"的形成中自然性在减弱，技术性在增强，由此，转基因作物去"内在规范性"最多。因此，随着技术的进步以及技术力量的增强，技术人工物"结构"的人类意向性在增加，如此，"结构"则更具技术性而不是自然性，即具有更高的去"内在规范性"程度。

表 2 - 1   比较传统作物、杂交作物、转基因作物的"结构"形成

	传统作物	杂交作物	转基因作物
存在本原	对自然物种有机体层面的"弱"改良	对自然物种有机体层面的"强"改良	对自然物种分子层面的改造
运动根源	技艺力是"弱"助推力	技术力是"强"助推力	技术力是主导力

---

①　Keekok Lee, *The Natural and The Artefactual*：*The Implications of Deep Science and Deep Technology for Environmental Philosophy*, Lanham, Md.：Lexington Books, 1999, p. 52.

	传统作物	杂交作物	转基因作物
产生方式	基于技艺的"做"	基于技术的"做"	基于技术的"制作"
在场状态	技艺化的存在	"弱"技术化的存在	"强"技术化的存在

二是要分析"结构"形成所基于自然规律和技术规则的对比关系。自然物的"结构"是物质性的，是基于自然规律的自行制造。而技术人工物的"结构"是物质性的（结构形成的载体），也是意向性的（结构形成中嵌入了人类的意识）。因此，其一方面遵循着自然规律，另一方面则是由基于技术规则的物理、化学、生物构造而成。一个技术人工物"结构"基于自然规律越少，而基于技术规则越多，那么此种"结构"的建构性就越强，而内在性也就越弱，如此，其去"内在规范性"也就越多。随着技术的进步，造物能力的增强，在技术人工物"结构"形成中，物质性的属性在变弱，意向性的属性在变强，因而基于自然的规律在减少，而基于技术的规则在增多。甚至，在技术人工物结构形成中，可以打破自然规律，而按照人类制定的技术规则进行制造。

对于生命类技术人工物来讲，相比于传统育种方式和杂交技术，转基因技术具有"深"技术特征，如此一来，转基因作物的培育在不断打破自然规律的束缚。在转基因作物的培育中，同源转基因——在同种或近缘物种中进行基因的转移——是遵守自然规律的，但是异源转基因——基因的跨界组合，甚至是合成人造基因——是技术规则指导下的生命构造，是纯粹人类意向性的产物。因此，相比于传统作物和杂交作物，转基因作物具有更多的去"内在规范性"。所以，在一个技术人工物的结构形成中，去"内在性原则"越多，即遵循的自然规律越少；而依赖"外在性原则"越多，即遵循的技术规则越多，那么其"去内在规范性"就越多。

此外，对于生命类技术人工物而言，还需要分析其"内在生物完整性"的损害情况以表征去"内在规范性"程度。自然生命体遵循内在性原则，其"结构"具有内在生物完整性，包括"生物肉体的、精神的完整性以及基因完整性和物种完整性"①。而生命类技术人工物遵循外在性原则，其"结构"制

---

① 肖显静：《转基因技术的伦理分析——基于生物完整性的视角》，《中国社会科学》2016年第6期。

造破坏了内在生物完整性。但是，由于技术力量对自然生命干预的强度有别，所以不同生命类技术人工物"内在生物完整性"的损害程度有异。传统育种方式的解蔽是把自身展开于产出意义上的一种"带出"，杂交技术是摆置和订造自然的"促逼"式的解蔽，转基因技术则是在挑战、挑衅、挑起自然意义上并提出蛮横要求的"强"促逼式的解蔽。由此，传统作物"结构"的形成是在生命个体层面上的"做"，没有干预自然生命内在的运行机制，因此没有伤害到生物基因和物种的完整性；由于杂交技术未能从根本上主导作物的进化，而只是作物进化的一种"助推"，因而在杂交作物的"结构"形成中，依旧没有对生物基因和物种完整性带来伤害；转基因作物则是一种在基因层面上的生命"制作"，所以损害了生物基因和物种的完整性。而且，不同类型的转基因技术所带来的生物完整性的伤害又是不一样的。异源转基因技术是在用人工进化条件取代自然进化条件，是在用技术规则取代自然进化规律，是对自然基因库的一种扰乱，是在制造新的人工物种，因此其比同源转基因技术会导致更大的基因完整性和物种完整性的伤害。可见，从传统作物到杂交作物再到转基因作物的培育，技术越来越"深"，则技术越来越有力，对自然生命的控制、干预也就越强，那么生命类技术人工物"结构"内在生物完整性的损害则越严重。内在生物完整性是自然生物遵循"内在规范性"的一种存在方式，而生命类技术人工物则是一种内在生物完整性缺失的存在。因此，如果一个生命类技术人工物"内在生物完整性"的缺失越严重，那么表明在其"结构"形成中受到技术力量的影响就越大和基于外在性的技术原则就越多，如此，也就表明其去"内在规范性"程度越高。

可见，在技术人工物"结构"形成中，去"内在规范性"程度与技术的"深"度和人类意向性的"强"度紧密关联。技术越"深"，对自然的干预、控制越"强"，那么在技术人工物"结构"形成中，在"存在本原、在场状态、运动根源、产生方式"上，"自然"剩余就越少，基于"内在性原则（自然规律）"就越少，"内在生物完整性"受到的损害就越大（对于生命类技术人工物而言），如此，其去"内在规范性"就越多。而一个技术人工物"结构"去"内在规范性"越多，那么其"非自然性"就越高。

因此，通过对"结构"去"内在规范性"分析可知，转基因作物比杂交作物、传统作物具有更高的"非自然性"。

（四）技术人工物"功能"去"内在目的性"分析

自然物为自身而存在，其"功能"表征着"内在目的性"。技术人工物由于注入了人类意向性，因此其"功能"在指向"外在（人类）目的性"的同时，在不断地去"内在目的性"。所以，尽管所有技术人工物的"功能"都是人类意向性的产物，但是不同技术人工物"功能"去"内在目的性"的程度具有差异性。技术人工物的"功能"不仅是"意向的"，而且也是"物质的"，即与其"结构"有关。对此，技术人工物"功能"去"内在目的性"分析。

一是要分析"功能"依赖人类意向性的强弱。尽管技术人工物"功能"具有人类意向性，"技术人工物是在人的意向作用下、被制造出来达到一定功能的物体"[①]，但是不同技术人工物"功能"的意向性依赖程度存在差异。在生命类技术人工物中，对于传统作物和杂交作物的功能展现来说，人类意向性是一种助推；但是对于转基因作物的功能呈现来讲，人类意向性则具有决定性。例如，如果没有人类的意识作用而仅靠自然力，那么耐寒转基因西红柿的"抗冻功能"是绝不会产生的。卢恩斯认为"在人工的领域中，确定工具功能的外部事实最终依赖于意向"[②]。尽管他的这种观点忽视了技术人工物"功能"的结构依赖性，但是揭示出了功能的意向性依赖与功能目标指向的关联性。因此，在他看来："生物学中基于主体的功能解释因而倾向于将目标指向性（goal directedness）作为分析基本概念。"[③] 相比于传统作物、杂交作物，转基因作物的"功能"具有更强的意向性依赖，因此它的功能目标指向外在的（人类的）目的，也要多于前两者。"在亚里士多德的目的论下，内在的/固有的目的论优先于外在的目的论。也就是说，自然形成的有机体，它们首先是为了实现自身的目的而存在的，其次才是为了服务于人类的目的。在服务于人类的目的之前，它们首先必须先基于它们自身的目的而生长和发展。一棵橡树在被人类砍伐用来制作桌椅前，它首先必须从橡子中发芽，生长成

---

① 吴国林：《论分析技术哲学的可能进路》，《中国社会科学》2016 年第 10 期。

② ［英］蒂姆·卢恩斯：《功能》，载莫汉·马修、克里斯托佛·斯蒂芬斯《生物学哲学》，赵斌译，北京师范大学出版社 2015 年版，第 638 页。

③ ［英］蒂姆·卢恩斯：《功能》，载莫汉·马修、克里斯托佛·斯蒂芬斯《生物学哲学》，赵斌译，北京师范大学出版社 2015 年版，第 638 页。

橡树。"① 在传统作物和杂交作物中，依旧如自然生命一样，遵循着亚里士多德的这种目的论，即这样的生命类技术人工物在"为自身"存在的同时，也在"为人类（为他者）"服务。而且，在传统作物和杂交作物的功能目标指向中，内在的、固有的目的依旧优先于外在的、强加的目的。但是，转基因作物的功能目标则主要指向了人类的目的而不是生物自身的目的，即它们不再优先"为自身"而是"为人类"而存在。例如，抗虫转基因水稻的"抗虫功能"只是为了满足人类对水稻产量的诉求，而完全忽视了生物体和自然的内在需要。如此，与传统作物和杂交作物相比，转基因作物的"功能"去"内在目的性"更多。因此，技术人工物"功能"的意向性依赖强弱与其去"内在目的性"程度存在正相关性，即如果一个技术人工物"功能"的意向性依赖越强，则表明其功能目标更多指向了人类而不是其自身，那么其去"内在目的性"就越多。

　　二是要分析"功能"依赖人工结构的程度。"功能"具有结构依赖性，但是依赖什么样的结构存在差异，即在依赖基于自然规律的自然（内在）结构和基于技术规则的人工（外在）结构的程度上有别。技术人工物功能依赖内在结构越少，表明功能的自然促成性越弱；而功能的外在建构性越强，如此也就表明功能的外在指向性——外在目的性越明显。对于生命类技术人工物来讲，一棵经过人类栽培的树所具有"吸收二氧化碳而进化空气的功能"，在本质上是基于其内在结构而固有的，而不是人类意向性地外在赋予的。因而这样的功能是内在的，是一种"系统功能"。这是技术人工物"半自在性"的体现，即此种"功能"是由其固有的内在结构为了自身的目的，自然而然产生的。而由转基因技术培育的转基因树，不仅具有"吸收二氧化碳而进化空气的功能"，而且还具有"吸收一些特殊化学物质的功能"②，这样的功能显然不是由其本身固有的内在结构产生的，而是由人类通过遵循一定的技术规则，为了治理环境的需要，而意向性地设计和制造的人工结构所产生的，因而这样的功能是一种"专属"功能。这是技术人工物"半人为性"的体

---

① Keekok Lee, *Philosophy and Revolutions in Genetics*：*Deep Science and Deep Technology*，New York：Palgrave Macmillan，2003，p. 9.

② 例如，华盛顿大学的科学家利用转基因技术对白杨进行了改造，使其能够吸收更多地下水中的毒素。参见赵逢丽《转基因植物能为我们的环境"杀毒"吗》，《科技日报》2007 年 11 月 17 日第 4 版。

现，即人类为了自身的目的而通过建构基于技术规则的人工结构来展现技术人工物特定的"专属功能"。正如克克李指出的："生命类存在作为'为了自己'而存在的能力，也已经被使用工具的人所控制，以服务于人类的目的，而不是它们自己的目的。"① 因此，相比于传统树，转基因树具有更多的"专属"功能，更是一种"半人为性"的存在，其功能的产生更多的是依赖基于技术规则的人工结构，即其功能更具建构性和意向性，如此，其去"内在目的性"也就更多。可见，与由自主进化而成的自然结构所产生的"系统功能"具有内在目的性不同，由技术规则引导而成的人工结构所产生的"专属功能"具有外在目的指向性。因此，一个技术人工物的"专属功能"越多、作为"半为人性"的一面越凸显，即"功能"对技术的、外在的、人工的结构的依赖性越强，那么表明其"功能"的建构性、意向性、外在性就越明显，如此，也就表明其"功能"去"内在目的性"越多。

而转基因水稻与杂交水稻、传统水稻的功能结构情况也体现出了以上这种情形。同野生稻一样，传统水稻的功能是内在的，是内生于作为生命载体的生物结构。杂交水稻的高产功能实际上依旧是由其内在的生物结构（基因的杂交优势）决定的，而人类意向性只是加剧了这种功能的呈现。但是在转基因水稻的一些功能展现中，例如抗虫转基因水稻的抗虫功能不是由其内在的生物结构所决定的，而是由人类意向性所制造的人工结构产生的——把外在的、能形成抗虫功能的结构强制性地建构在水稻这一生物体中。而且从进化视角看，杂交水稻依旧是一种依赖基于自然规律的内在结构的自主性进化，而转基因水稻则是依赖基于技术规则的外在结构的人工进化。因而生命的繁衍也由"繁殖"（依靠自然的力量）变成了"生产"（依靠技术的力量）。如此，转基因水稻更多地不是靠"自身"（自然结构），而是靠"他者"（技术结构）而存在着。在人工干预下的作物存在、繁衍和进化不是作物内在的需要和目的，而是人类外在的需求和目的。因此，从功能依赖结构的差异看，显然转基因水稻比杂交水稻、传统水稻具有更多的去"内在目的性"。

可见，在技术人工物"功能"展现中，去"内在目的性"与其对"人类意向性"和"人工结构"的依赖程度紧密相关。一个技术人工物的"功能"

---

① Keekok Lee, *Philosophy and Revolutions in Genetics：Deep Science and Deep Technology*, New York：Palgrave Macmillan, 2003, p. 214.

对"人类意向性"和"人工结构"依赖越强，即"功能"的产生更多地不是"靠自身"（自然结构），而是"靠他者"（人工结构），那么表明"功能"的技术建构性越多而自然促成性越少，如此，也就表明"功能"更具外在目的指向性。而一个技术人工物"功能"去"内在目的性"越多，那么其"非自然性"也就越高。

因此，通过对"功能"去"内在目的性"分析可知，转基因作物比杂交作物、传统作物具有更高的"非自然性"。

三 "非自然性"作为生命类技术人工物的本体论差异

技术人工物源于自然物，"任何的人工物都是经过一个非自然的——甚至可以说是'反'自然的——人工活动的过程创造出来的"①。因此，分析技术人工物的本体论特征，需要与自然物进行比较。亚里士多德探讨了自然物与制作物（人工物）的本体论差异，在他看来，自然物由于自然而存在，制作物则是由于其他原因而存在。技术人工物与自然物在"存在之因"上的差异性具体体现在以下四个方面。

在"存在本原"上。 自然物的"存在本原"是"自然实体"，具有内在性，其质料和形式都是按照自然规律由自然力自然而然形成。因而，自然物的"存在本原"是"依赖自然"。技术人工物的质料和形式是基于技术规则的人类设计和制造而成，这是"依赖技术"，因而技术人工物的"存在本原"是外在性的"技术实体"。

在"运动根源"上。 自然物的"运动根源"是"自然力"，其在于自身之中，这是"具有自然"。自然物是依据"自然力"从其自身中涌现出来而生长、存在、演化。技术人工物没有运动的内在冲动力，是"具有技术"而"在此"站立和摆放。"在制作物那里，它们的运动状态以及它们的完成状态和被制作状态的静止的 $\alpha\rho\chi\eta$（根源）并不在它们本身中，而是在另一个事物中，在［建造者］中，在那个支配着作为 $\alpha\rho\chi\eta$ 的 $\tau\acute{\epsilon}\chi\nu\eta$（技术）的东西那里。"②

---

① 李伯聪：《工程哲学引论》，大象出版社 2002 年版，第 340 页。
② ［德］海德格尔：《路标》，孙周兴译，商务印书馆 2000 年版，第 291 页。

在**"产生方式"**上。自然物的"产生"是"由于自然"而"自行制造"。这样的"制造"是自主"生长"和自发的"在场"——从自身而来,向着自身,自行显示出来而进入敞开域。技术人工物的"产生"是"由于技术"而被"制造",这是一种"制作"式的"制造"。技术人工物是技术解蔽下的显露,是被"技术"安放在"此"与我们照面,这是"让在场"。因而,在"产生方式"上,自然物体现的是"生长性",而技术人工物体现的是"制作性"。

在**"在场状态"**上。自然物是"按照自然"而"在场"。这是一种基于自然规律的本真的"在场方式",因而自然物的"在场状态"是其本身所具有的。技术人工物是"按照技术"而"被在场",它的"在场状态"是人类通过技术外在设计、制造和赋予的。"设计师必须首先设定目标并绘制蓝图,对人工物进行'意向构造'"①,因而"'人工的'体现的是一个人类有目的的构造"②。

由此可见,自然物存在的原因是"自然",它是"依赖自然""具有自然""由于自然""按照自然"的存在。这是一种自然化的、自主的存在,"自主性与复杂性、感知性等一些特性不一样,它是第一性质,从而形成了一个本体论而不是价值论的价值"③,同时也是符合内在本性的存在。技术人工物存在的原因是"非自然"(技术),它是"依赖技术""具有技术""由于技术""按照技术"而成为存在。这是一种非自然的、技术化的、人类意向性的存在,也是符合外在的、强加的(技术的、人类的)本性的存在。一句话,与自然物不同,人工物不是一个独立的存在,生命类人工物也是如此,"自然形成的有机体是'独立的'存在。这意味着他们的产生、存在以及消亡完全独立于人类的设计与控制。但是生物技术充分地体现出了生命类存在能够被剥夺作为'独立的'存在的本体论地位,而转变为生命类人工物"④。由此,尽管技术人工物与自然物一样具有实在性,因而拥有本体论地位,但是,"自

---

① 杨又、吴国林:《技术人工物的意向性分析》,《自然辩证法研究》2018 年第 2 期。

② Keekok Lee, *The Natural and The Artefactual*:*The Implications of Deep Science and Deep Technology for Environmental Philosophy*, Lanham, Md.:Lexington Books, 1999, p. 82.

③ Keekok Lee, *The Natural and The Artefactual*:*The Implications of Deep Science and Deep Technology for Environmental Philosophy*, Lanham, Md.:Lexington Books, 1999, p. 81.

④ Keekok Lee, *Philosophy and Revolutions in Genetics*:*Deep Science and Deep Technology*, New York:Palgrave Macmillan, 2003, p. 214.

然"是自然物的本体论特征，而"非自然"（技术）是技术人工物的本体论特征，两者具有不同的本体论身份。因此，"自然"与"非自然"构成了自然物与技术人工物的本体论差异，这就致使"自然的（natural）和人工的（artefactual）属于两个十分不同的本体论范畴（ontological categories）"①。人工物在本体论上低于自然物的思想源于古希腊。"对于柏拉图来说，技术是模拟自然，亚里士多德认为技术人工物缺少一种本性，他把这种本性定义为一种变化的内在原则。"② 克劳斯认同这种观点，他说：人工世界与"人工性"存在相关联，它们"缺失自然属性"或者它们是"假的、仿造的存在"。③ 伊德（Don Ihde）也指出："一旦开启了技术的路径，人工物和技术事实就逐渐不同于自然的产品。"④ 所以，技术人工物与自然物具有不同的本体论层次。伯格森指出："人类在地球上的生活是从制造原始武器和原始工具开始的，从最初的活动看，智慧是制造人造工具，尤其是制造用于制造的工具，以及不断改进制造的能力，因而人类在本质上是技艺人（homo faber）而不是智人（homo spais）。"⑤ homo faber 通过制作，建立了一个人工物的世界。近代科学革命以来，人类的造物行动从依赖基于经验的技艺转变为基于科学理论的技术。拥有了"现代技术"的 homo faber 可以按照自己的需要摆置、订造自然，制造出了丰富多彩的技术人工物。

当前，技术人工物构成了我们的生活世界。那么，由于技术而具有技术化存在身份和本性的技术人工物之间具有什么样的本体论差异呢？对于生命类技术人工物来讲，在其形成、存在和进化中都发生着这样的本体论转变：从自然生成到技术制造、从自然繁殖到技术生产、从自然进化到人工进化，从而致使技术化的存在身份在逐步取代自然化的存在身份。那么，不同的生命类技术人工物的本体论差异又如何体现呢？这是身处技术时代的我们更应该追问的问题，这就需要我们进一步考察不同技术人工物"存在之因"上的

① Keekok Lee, *The Natural and The Artefactual*: *The Implications of Deep Science and Deep Technology for Environmental Philosophy*, Lanham, Md.: Lexington Books, 1999, p. 119.
② Peter Kroes, "Engineering and the Dual Nature of Technical Artifacts", *Cambridge Journal of Economics*, Vol. 34, No. 7, 2010.
③ Peter Kroes, "Engineering and the Dual Nature of Technical Artifacts", *Cambridge Journal of Economics*, Vol. 34, No. 7, 2010.
④ ［美］唐·伊德：《技术与生活世界》，韩连庆译，北京大学出版社2012年版，第74页。
⑤ ［法］亨利·柏格森：《创造进化论》，姜志辉译，商务印书馆2004年版，第116—118页。

差异性。

作为技术人工物"存在本原"的"技术实体"都源于"自然实体",即在自然物之上的一种技术制造。但是,不同的技术对"自然实体"的干预是不同的:有的是在宏观层面上的改造,如石头雕像的"质料"——石头;有的则是在微观层面上的创造,如塑料雕像的"质料"——塑料。显然,塑料比石头更远离其本来的自然状态。对于生命类技术人工物来讲,杂交作物的"质料"是在有机体层面上从大自然中挑选而来,而转基因作物"质料"中的一部分(如功能基因)则是在分子层面上的重构。因此,随着技术的演进,技术人工物的"存在本原"中,"自然"的成分在减少,而"技术"的成分在增加。可见,作为"质料"的"技术实体"的去自然化程度构成了技术人工物"存在本原"上的差异性。

技术人工物的"运动根源"都不在其自身中,而在于制造者中、外在的技术中。但是,"自然力"在技术人工物的"运动"中,依旧发挥着一定的作用。但是,在不同的技术下,"自然力"扮演的角色有差异。对于生命类技术人工物来讲,在杂交作物的培育中,"技术力"是迎合、利用"自然力";而在转基因作物的培育中,"技术力"则是超越、取代"自然力"。随着技术的进步,技术人工物的"运动根源"中,"自然"在减少,"技术"在增加。因此,在技术人工物的"运动"中,"自然力"的发挥情况导致了技术人工物"运动根源"上的差异性。

技术人工物的"产生"是一种"制作"式的"制造"。但是,"自然"的"生长性"尤其在生命类技术人工物中仍然发挥着一定的作用。可是,随着技术的变"深",在技术人工物的"产生"中,"生长性"在减少,而"制作性"在凸显。对于生命类技术人工物来讲,相比于杂交作物,在转基因作物的"产生"中,具有更少的"生长性",即具有更高的去自然化程度。因此,在技术人工物的"产生"中,"生长性"的剩余情况影响着技术人工物"产生方式"上的差异性。

技术人工物以"非自然"的存在身份存在着,但是也保留着一定的"自然性"。不过,随着技术的发展,"自然规律"对于技术人工物存在状态的束缚在减弱。对于生命类技术人工物来讲,转基因作物的功能基因可以由科学家在实验中人工合成,这打破了基因只可在同种或近缘物种间转移的自然规律。在此种转基因作物的存在状态中,技术化在取代自然化。因此,在技术人工物的"存在方式"中，"自然化存在身份"的剩余情况决定着技术人工物"在场状态"上的差异性。

可见，尽管在技术人工物存在的原因中，"自然"依旧扮演着一定的角色，不过，"自然"作为存在的原因已经不是本性，而是一种偶性。而且，在不同的技术人工物中，φύσις（自然）作为内在的原因在招致某一存在物，使其成其所是中所具有的作用是不同的。技术人工物在"存在本原""运动根源""产生方式""在场状态"上的差异性，在于"技术性实体"的去自然化程度、"自然力"的发挥情况、"生长性"的剩余情况、"自然性存在身份"的剩余情况，即在于技术人工物的"非自然性"。由此，不同技术人工物在"存在之因"上的差异性就在于"非自然性"。而作为"存在之因"的"存在本原""运动根源""产生方式""在场状态"是技术人工物的本体论属性，如此一来，"非自然性"就构成了技术人工物（包括非生命类的和生命类的）之间的本体论差异。

因此，从传统作物、杂交作物到转基因作物，都是人类利用技术有意识地、有目的地干预自然物种的产物，都是技术化的、人类意向性的存在，都是"非自然"的，但是由于在其"存在之因"中，"技术"所发挥的作用有别，"自然"所剩余的情况有异，致使三者具有不同的"非自然性"——本体论差异。

四　非自然性、不确定性与风险差异性

接下来，我们需要追问的是：技术人工物的本体论差异意味着什么呢？即具有不同"非自然性"的技术人工物会产生什么样的不同影响呢？

霍克斯和梅耶斯认为技术人工物的结构与功能关系存在着本体论上的"难问题"。[①] 一个技术人工物的结构和功能之间存在逻辑鸿沟，即结构描述与功能描述不能互相推导，结构和功能之间并不具有完全确定的、简单的逻辑推理关系。而且结构与功能之间存在着两类"非充分决定性"现象，一类

---

① Wybo Houkes and Anthonie Meijers, "The Ontology of Artefacts: The Hard Problem", *Studies in History and Philosophy of Science*, Vol. 37, No. 1, 2006.

是一种功能可以由多种结构来实现;另一类是一种结构可以实现多种功能。[①]
普雷斯顿也提出技术人工物功能具有多重可实现性(multiple realizability)和
多重可利用性(multiple utilizability)。[②] 因此,技术人工物的结构与功能之间
存在不确定性。在使用语境中,"功能"清楚的,但是结构是个"黑箱";而
在设计语境中,结构是确定的,但是功能是个"黑箱"。[③] 可见,技术人工物
"功能"的展现具有复杂性和不可预知性。功能的展现不仅与物质性的结构
(设计语境)有关,而且也与使用语境(自然的、社会的)有关。因此,在
技术人工物的制造中,通过构建一定的结构,并不必然会产生预想的功能。
而结构与功能之间的此种不确定性,意味着技术人工物蕴含着功能失常、功
能失控等不确定性风险。

一些科学家认为,随着技术的进步,所制造的技术人工物功能的目标指
向性将更加可控。对于生命类技术人工物来讲,在他们看来,转基因技术比
杂交技术更先进,其在作物培育中对作物的修饰和塑造更加精准,其对功能
的设计由于深入基因层次,因而更具针对性,因此转基因作物比传统作物的
功能更具确定性,其也就更安全。从表面上看,这似乎很有道理。例如在转
基因育种技术中,可以刻意制造出相应的结构以使得作物产生抗除草剂和抗
虫等确定性功能。但是,实际的情况并非如此。转基因技术是一种"深"技
术,对自然物种是一种"强"干预,所培育的转基因作物结构的技术性和人
工性将更多,而自然性则更少,因而这样的结构更具"黑箱"特征,即这样
的结构是否真的能输出目标指向性的功能仍是个未知数。因为随着结构的建
构性的增强,技术人工物整体结构的内在稳定性将会减弱。例如,在转基因
作物中基因突变、基因沉默等功能失常现象时有发生。不仅如此,随着技术
人工物去自然化的加剧,其与环境的相容性就会减弱,与环境的冲突度会加
剧。因此,这样的技术人工物释放到环境中就会产生更大的环境风险。例如,
在转基因作物释放到环境中,经常出现功能失控现象——抗除草剂基因漂移
会产生超级杂草,抗虫基因会对非目标生物产生伤害等。而对于被用于食用
的转基因作物来讲,随着其人工化的加剧,那么其与人体的相容性就会减弱,

① 潘恩荣:《工程设计哲学》,中国社会科学出版 2011 年版,第 21 页。
② [美]贝丝·普雷斯顿:《人工物功能的哲学理论》,载安东尼·梅耶斯《技术与工程科学哲
学》(上),张培富等译,北京师范大学出版社 2015 年版,第 263 页。
③ 参见吴国林《论分析技术哲学的可能进路》,《中国社会科学》2016 年第 10 期。

与人体环境的冲突度就会增加，如此，就会产生更大的健康风险。

因此，随着技术的变"深"，由此所制造的技术人工物的"非自然性"的提高，即其结构去"内在规范性"越多、建构性越强，以及功能去"内在目的性"越多、人类意向性越强，功能就越多展现为基于外在的结构（基于技术规则的人工结构）而不是内在的结构（基于自然规律的自然结构），那么这将意味着结构与功能之间的内在不确定性将越多；而不确定性越多，则表明该技术人工物就具有越多的、不可预知的风险。

为了更好地认识和分析技术人工物的结构描述和功能描述之间的逻辑推理关系。霍克斯和梅耶斯提出，一个恰当的技术人工物本体论（即技术人工物结构和功能关系理论）需要满足两个标准：（1）非充分决定性（underdetermination）：一个恰当的技术人工物本体论应该容纳（accommodate）人工物（功能）与其物质基础之间的双向非充分决定性；（2）实现限制性（realizability constraints）：一个恰当的技术人工物本体论应该容纳并限制（constrain）人工物（功能）与其物质基础之间的双向非充分决定性。[1] 吴国林又增加了要素限制标准（component constraints）和环境限制标准（environment constraints）[2]，以试图增加两者推理关系的确定性。但是，技术人工物结构和功能之间的逻辑关系在本质上是一个模糊态，而不是精确态。因此，一个技术人工物的本体论理论满足再多的限制标准，都无法在技术人工物结构和功能之间建立起绝对确定的逻辑关系，而只能是减少两者间的不确定性，建立起相对的逻辑通道，从而对其结构和功能的推理关系进行一定的解释。

而且，需要注意的是，技术人工物的功能展现既与物质性结构相关，也与人的意向性有关，具有实践性、社会性、语境性特征——既与设计、制造语境相关，也与使用语境相关。而随着技术的变"深"，我们制造出了高"非自然性"的技术人工物。此种技术人工物的制造性、人工性更为凸显，其自身结构具有更大的不稳定性，功能展现也更具意向性，如此，其结构与功能之间的不确定性将会更多。这将导致：在具体的使用语境中，技术人工物会呈现什么样的功能、带来什么样的风险和影响，将更加呈现出不确定性。

---

① Wybo Houkes and Anthonie Meijers, "The Ontology of Artefacts: The Hard Problem", *Studies in History and Philosophy of Science*, Vol. 37, No. 1, 2006.

② 吴国林:《论分析技术哲学的可能进路》,《中国社会科学》2016 年第 10 期。

"非自然性"的提升，不仅增加了技术人工物结构与功能之间内在的不确定性，而且也使得对于这种不确定性的推理判断面临着认识论上的困境。而正是由于存在认识论上的局限性，技术人工物所导致的大量风险将是不知道的或不完全知道的，如此，也就无法采取相应的预警措施来应对，那么这将意味着其会带来更大的伤害。因此，技术人工物的非自然性、不确定性、风险差异性三者之间存在逻辑关系，即技术人工物的"非自然性"越高，意味着其结构和功能的建构性越强，而这样的建构性越强，则意味着结构与功能之间的不确定性就越多，而不确定性越多，则意味着该技术人工物也越具有更多的风险。

接下来，笔者将具体分析生命类技术人工物的"非自然性"与其释放到环境中所产生的环境风险的差异性之间的关系。

赫拉利（Yuval Noah Harari）认为，大约一万年前发生了影响人类生活方式的农业革命，至此人类开始操纵一些动植物的生命，栽培农作物和驯化动物。[1] 从传统育种方式到杂交技术再到转基因技术，对自然物种的干预、控制、改造，是在"增多""加强""变深"。由此，从传统作物到杂交作物再到转基因作物，"非自然性"在递增。鉴此，笔者将通过比较传统作物、杂交作物、转基因作物的培育和释放中对自然物种和环境产生的伤害，来分析生命类技术人工物的本体论状况——"非自然性"与其环境风险差异的关联性。

克克李对"自然"的内涵进行了区分："自然$_p$"被认为是质朴的、纯洁的；"自然$_{fa}$"（包括"自然$_{nk}$"和"自然$_f$"）与人工物相对应。[2] "自然$_f$"、"自然$_{nk}$"分别与亚里士多德所称的第一实体、第二实体相似。"人们所说的第二实体，是指作为属或种而包含第一实体的东西。"[3]因此，麦克基本（Bill Mckibben）激进式的"自然终结论"——人类对自然的干预都会对其产生深远的影响而致使其终结[4]，是不恰当的。人类介入自然以制造技术人工物都会对自然产生伤害，但是这种伤害存在差异性。因此，人类对自然的干预度需

① ［以色列］尤瓦尔·赫拉利：《人类简史》，林俊宏译，中信出版集团 2017 年版，第 75 页。

② Keekok Lee, *The Natural and The Artefactual: The Implications of Deep Science and Deep Technology for Environmental Philosophy*, Lanham, Md.: Lexington Books, 1999, pp. 82 - 83.

③ 苗力田主编：《亚里士多德全集》（第一卷），中国人民大学出版社 1990 年版，第 6 页。

④ ［美］比尔·麦克基本：《自然的终结》，孙晓春、马树林译，吉林人民出版社 2000 年版，第 43 页。

要进行区分：有意的、直接的还是无意的、间接的，是"深"技术的还是"欠深"技术的，以及是在什么意义上对自然的伤害，参见图2-3。

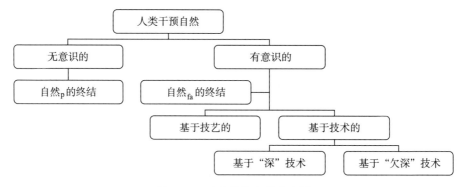

图2-3 对自然伤害的差异性

农业社会的育种方式对"自然$_{fa}$"产生了影响，但是其所培育的作物依旧保留着很多自然生物固有的、内在的本性。杂交技术尽管对"自然$_{fa}$"带来了更大的伤害，但是仍然没有终结"自然$_{fa}$"，杂交作物依旧具有一定的属于自然生物的自主性和内在性。因此，这两种育种方式或技术都只是在终结"自然$_{p}$"，而没有对"自然$_{fa}$"带来本体论上的伤害，而且都只是对"自然$_{f}$"，即生物个体带来了影响。但是，转基因技术则不同，它可能会导致自然生物"本体论上的'冗余'、'被取代'"[1]，把"自然$_{fa}$"转变成纯粹的人工物。这样一来，转基因技术不仅在终结"自然$_{p}$"，而且也在终结"自然$_{fa}$"。不仅如此，转基因技术不仅会对"自然$_{f}$"带来本体论影响，而且也会损害"自然$_{nk}$"的纯洁性、完整性及其本质。"对生物基因的编辑看起来是在编辑生物基因，事实上是在触动生物个体乃至生物物种的本质，挑战生物进化的历史性、渐进性和整体性，甚至是在篡改物种。"[2] 基因是生命之"砖"，一旦撬动、改变、制造基因，那么就会动摇和伤害生物物种的本质，如此，也将会对生态系统带来级联的、整体的、长期的影响。

人类制造的技术人工物释放到环境中，与环境不能协同进化（演化），从而出现不相容性和冲突，进而导致环境的变化，而这种变化影响到了人类以

① Keekok Lee, *The Natural and The Artefactual：The Implications of Deep Science and Deep Technology for Environmental Philosophy*, Lanham, Md. : Lexington Books, 1999, p. 117.

② 肖显静：《科学技术与社会研究反思与规范》，《中国社会科学报》2018年1月3日第7版。

及生物和地球有机体的存在、进化（演化），那么环境风险就产生了。因此，技术人工物的环境风险与其同环境的不相容性密不可分。

自然生物与环境是相互建构。生物在适应环境中发生着：变异→自然选择→遗传→进化。因而自然生物是在适应环境中"自然选择"而进化，"达尔文（Charles Robert Darwin）把每一个有用的微小变异被保存下来的这一原理称为'自然选择'"①。环境在生物的影响下也发生着内在演化。在这样的过程中，生物与环境是相向而行，构成了一个有机整体，两者具有极高的相容性。而生命类技术人工物作为外来者，释放到环境中，与环境具有不相容性和冲突，进而就会产生环境风险。但是，这种不相容性及其环境风险也是存在差异的。

传统育种方式是守护性的，在一定程度上依旧是凭借自然物种自身的"涌现"。传统作物是技艺顺从自然进化的产物，与环境的不相容性较小，因而并没有对生态系统带来明显的不利影响。杂交技术是培育性的，是在"发现"意义上对自然物种进行摆置。杂交作物是技术助推自然进化的产物，其依旧在适应环境和遵循自然规律，所以与环境的不相容性依旧不高，并没有打乱生态系统内在的运行机制，以及没有导致不可承受的环境风险。而转基因技术是构造性技术，是在"发明"意义上对自然物种的摆置，它以前所未有的力度迫使自然物种离开其原初状态。转基因作物不再是与环境协同进化的产物，而是技术创造人工进化的产物。"由分子生物学引导的生物技术对自然进化产生了根本性挑战。"② 在转基因作物的培育中，遗传物质的传递打破了自然进化的空间维度，"有机体不再需要从亲代中继承遗传物质，取而代之的是，它们的遗传物质甚至可以来自其它毫无关系的物种"③，也扰乱了时间维度——自然进化的渐变性正在被人工选择的突变性所取代。如此一来，"地球生命进化的两个支柱——遗传特征通过有机体的繁殖而得到传递，自然选择决定着哪些特征将被遗传——变得多余了"④。转基因作物作为技术建构的

---

① 双修海、陈晓平：《进化生物学与目的论：试论"进化"思想的哲学基础》，《自然辩证法通讯》2018 年第 5 期。

② Keekok Lee, *Philosophy and Revolutions in Genetics：Deep Science and Deep Technology*, New York：Palgrave Macmillan, 2003, p. 189.

③ Keekok Lee, *Philosophy and Revolutions in Genetics：Deep Science and Deep Technology*, New York：Palgrave Macmillan, 2003, p. 193.

④ Keekok Lee, *Philosophy and Revolutions in Genetics：Deep Science and Deep Technology*, New York：Palgrave Macmillan, 2003, p. 215.

生物体，没有经过"自然选择"而"闯入"环境。这不是生物在适应环境中进化，而是在让环境"适应"生物；这不是环境在创造生物，而是生物在"创造"环境。如此，转基因作物与环境可能不再是相向而行，而是相背而行；不再是协同进化，而是相斥进化。两者的关系也不再是有机整体的，而是二元的了。因此，转基因作物与环境具有极大的不相容性，其产生的环境风险可能不再是轻微的、可修复的，而是剧烈的、不可逆的。

由此可见，从传统作物到杂交作物再到转基因作物，随着"非自然性"的提升，相应地与环境的冲突度在增加：从生物与环境整体论到生物与环境二元论、从生物体与环境相互建构到技术建构生物体和生物体单方面闯入环境，如此，对自然物种和环境的伤害也在加大：从对生物个体的伤害到对生物物种的伤害；从对纯朴的自然（生命）的破坏到对自然（生命）本体论上的伤害。因此，技术人工物的"非自然性"与其环境风险大小存在正相关性，即一个技术人工物的"非自然性"越高，那么其可能产生的环境风险就越大。

综上所述，从"作为本性的自然"这一本真内涵出发，我们可以认识到何谓"非自然性"。"非自然性"表征的是去内在本性，即去"内在规范性"和去"内在目的性"的程度。从技术人工物的"结构—功能"双重性理论出发，技术人工物的"非自然性"分析具有可能性。一个技术人工物去"内在规范性"越多，则其离"自然"越远，即其"非自然性"越高；去"内在目的性"越多，则其离"自然"越远，即其"非自然性"越高。对于生命类技术人工物来讲也是如此，因此根据这一分析框架，我们不仅可以比较转基因作物、杂交作物和传统作物的"非自然性"，而且能够得出，转基因作物比后两者具有更高的"非自然性"，由此，正是"非自然性"构成了三者之间的本体论差异。

而一个技术人工物的"非自然性"越高，那么其对内表现为更具不稳定性，对外表现为更具不确定性。具有"高"非自然性的技术人工物与自然物、自然本身的共性就更少，即相容性就会更差，那么释放到环境中就会与环境产生激烈的冲突，从而导致更大的环境风险的发生。同样地，具有"高"非自然性的技术人工物（作物食品）与人体环境的协调性会更差，一旦这样的人工物进入人体中，就会产生激烈的冲突，从而导致更大的健康风险的产生。由此，技术人工物风险产生的根源在于其蕴含的不确定性，而不确定性的根源在其"非自然性"。正如前文指出的,转基因技术比传统育种技术和杂交技术具有更高的"非自然性"。而一个技术人工物的"非自然性"越高,那么其蕴含的不确定性就越多,如此,其可能产生的风险也就越大。这样一来,我们也就不难理解转基因技术风险不确定性的根源是什么,以及为什么转基因技术可能会比传统育种方式、杂交技术具有更大的风险。

第三章　后信任社会视域下的转基因技术公信力危机考察

曾有学者提出这样一个问题：我们为什么要促进公众对科学的理解？现在，我们应该对此问题进行扩展，进行这样一种追问：我们为什么要促进公众对新兴技术的信任？技术人工物构成了我们的生活世界，技术不仅对我们的生产、生活，而且对我们的存在方式都产生了根本性影响。可以说，我们几乎所有的社会选择、决策和行动都离不开技术，任何行为都是一个技术事实、技术事件。因此，技术的可信性是当代社会的一个核心主题。不仅如此，技术可信性关系到经济、社会的可持续发展。因为公众的认同和信任对于技术创新及其产业化推广至关重要。联合国粮食及农业组织（FAO）曾指出：如果消费者决定不去购买一产品，该生产过程就会迅速萎缩。所以，福山（Francis Fukuyama）把信任看成是保证经济生活良序运行、创造经济繁荣的基础。[①] 但是，在当今社会，作为新兴技术的转基因技术却面临着严重的公信力危机，对此，本章将对这一问题进行深入探讨。

一　从传统信任到系统信任

信任是人类社会走向文明后的一种内在诉求和本质特征。"每一天，我们都把信任作为人性和世界的自明事态的'本性'。"[②] 道德哲学家家鲍克认为："信任产生的社会效益，与我们吸的空气和饮用的水一样，需要受到保护。当信任被损害时，整个社会都会吃苦头，当信任被毁灭时，社会就会动摇

---

① ［美］弗朗西斯·福山：《信任：社会美德与创造经济繁荣》，郭华译，广西师范大学出版社2016年版。

② ［德］尼古拉斯·卢曼：《信任：一个社会复杂性的简化机制》，翟铁鹏、李强译，上海人民出版社2005年版，第3页。

和崩溃。"① 信任保证了人类的认知秩序。我们获得的关于自然界和人类社会的知识不是源于直接的经验感知，而是依赖和建立在别人的知识之上的一种经验认知和判断。"当我们面对经验时，我们只有依靠一个信任系统才能把它作为某种确定性的经验。"② 信任在科学知识的生产中具有不可或缺性，"信任在科学中既是一种保守的力量，也是一种创造性的力量。由于每一次在对权威知识接受的同时，也在修正现有的惯例，因此信任是知识扩展和改进的一种无止境的手段"③。信任也是维系人类社会秩序的基础。因为人类的社会行动是一种基于信任的判断和选择，信任保证了人类经济、政治等社会生活的有序运行。

何谓信任？信任是如何构建的呢？"信任是一种现实的社会关系，它指涉的是个人如何存在于生活世界中并与他人共在的一种关系状态。"④ 在传统社会中，信任关系发生在熟悉的世界中，表明的是人与人之间的一种具体的关系状态，而是否信任"他人"是基于熟悉性之上的一种人格判断。"知识的可信性是通过信任自己熟悉的人来确证的，熟悉性可以用来衡量他们所说的事的真实性。"⑤ 可见，传统信任是一种人际信任，信任的对象是具体的、熟悉的人。"熟悉使人们有可能抱有相当可靠的期望，所以也可能吸收遗留的风险因素。熟悉是信任的前提，也是不信任的前提，即对未来特定态度作任何承诺的先决条件。"⑥

技术理性和工具理性的不断扩张，不仅创造了丰富多彩的技术人工物，满足了我们无节制的欲望，而且也带来了巨大的风险，导致我们正在遭遇一种存在性危机。社会学家贝克（Ulrich Beck）认为现代社会本质上是一个风险社会，人类正生活在文明的火山上。尤其是，诸如转基因技术等新兴技术

---

① ［美］希赛拉·鲍克：《说谎：公共生活与私人生活中的道德选择》，张彤华、王立影译，吉林科学技术出版社1989年版，第24—25页。

② Steven Shapin, *A Social History of Truth：Civility and Science in Seventeenth – Century England*, Chicago and London：The University of Chicago Press, 1994, p. 21.

③ Steven Shapin, *A Social History of Truth：Civility and Science in Seventeenth – Century England*, Chicago and London：The University of Chicago Press, 1994, p. 25.

④ 郭慧云等：《信任论纲》，《哲学研究》2012年第6期。

⑤ Steven Shapin, *A Social History of Truth：Civility and Science in Seventeenth – Century England*, Chicago and London：The University of Chicago Press, 1994, p. 410.

⑥ ［德］尼古拉斯·卢曼：《信任：一个社会复杂性的简化机制》，翟铁鹏、李强译，上海人民出版社2005年版，第25页。

的应用，人类更是处在一个不确定的和复杂的技术生活世界中，面临着不可预测的未来。卢曼（Niklas Luhmann）把信任看成是一个社会复杂性的简化机制，"信任为我们提供了行动的基础，使我们只考虑未来的某些可能性而不是无限的可能性"①。但是，面对极端复杂的、不确定的技术世界，传统的人际信任已然无法维系人类的认知秩序和社会秩序。例如，在是否购买转基因食品上我们不再会相信邻居的行为和判断。我们不可能因为邻居购买了转基因食品，而且说吃后并没有影响健康，而认为转基因食品就是安全的，并做出购买选择。"传统社会中'我们那时的生活方式'和现代社会中'我们现在的生活方式'的巨大差异，导致在实现和承认真理的方式上产生了相应的巨大分歧。"②

现代性的本质是科技、风险（不确定性）和信任。在技术世界中，个人几乎所有的社会行为都离不开技术选择，而我们都期待在不确定的未来中能采取一种积极的行动。贾萨诺夫（Sheila Jasanoff）认为："在这种不确定的状态下，要满足社会对于知识的需要，让公众放心。这个任务就落在了专家们的身上。"③ 那么我们何以会利用作为不是熟悉的而是陌生的专家们的知识和意见去形成自己的认识和采取具体的实践呢？这就需要在公众与专家之间建立一种道德纽带。夏平（Steven Shapin）建议用"信任"这个词来表达这种道德纽带。④ 信任的本质是一种道德关系/秩序。在这里，信任已显然超越了传统信任的范畴，是一种新形式的信任，卢曼称其为"系统信任"（system trust）。

系统信任涉及的是具体的个人与抽象对象之间非具体化的信任关系。抽象对象主要指专家系统，此外还包括象征符号、规则/机制/制度、专业性和政府机构等。与人际信任不同，系统信任发生在"脱域"（disembedding）的世界里。吉登斯（Anthony Giddens）认为："'脱域'是现代制度本质和影响的核心要素——社会关系'摆脱'本土情景的过程以及社会关系在无限的时

① 参见 Steven Shapin，*A Social History of Truth*：*Civility and Science in Seventeenth - Century England*，Chicago and London：The University of Chicago Press，1994，p. 15。

② Steven Shapin，*A Social History of Truth*：*Civility and Science in Seventeenth - Century England*，Chicago and London：The University of Chicago Press，1994，p. 414.

③ ［美］希拉·贾萨诺夫：《自然的设计：欧美的科学与民主》，尚智丛、李斌等译，上海交通大学出版社 2011 年版，第 405 页。

④ Steven Shapin，*A Social History of Truth*：*Civility and Science in Seventeenth - Century England*，Chicago and London：The University of Chicago Press，1994，p. 7.

空轨迹中'再形成'的过程。"① 系统信任正是从熟悉的、具体的情境中"脱域",在一种抽象的、去本土化的情境中生成。这样,信任的基础就发生了改变:"从主要以感情为基础转变为主要以表象为基础。"② 系统信任不再是依赖熟悉性的情感建立信任,而是依赖一种认知判断建立信任。夏平关注到了关于人的知识在确证关于事的知识中所具有的构成性作用(constitutive role)。③ 也就是说,在确定了谁值得信赖之后,我们才会信任其言论和行动。即只有当我们发现专家具有可信性,我们才会信任专家判断和专家意见。

作为具体个体的公众与作为抽象体系的专家之间何以能建构信任关系呢?这源于对专家具有"权威性"的认同。具体来讲,一是公众对专家专长之正确性具有一种信心和依赖,"专家是能够成功占有外行所不具备的具体技能或专门知识的人。在专家和外行相遇的具体情形中,最关键的是技能和信息的失衡,这种失衡使一个人相对于另一个人称为'权威'"④;二是公众对专家是诚实的、会说真话持有一种信念,公众与专家之间的信任关系是基于道德判断而建立起来的一种道德秩序。因此,专家专长的"真"(即科学知识的客观性和真理性)和专家行为的"善"(即科学知识表达和使用的道德性和中立性),是专家系统权威性的两大标准,也是专家系统具有可信性的两大支柱。

新兴技术具有异常复杂性:风险—收益的复杂性、认知判断的复杂性、实践选择的复杂性。如何在不确定性中寻求确定性以及把复杂性进行简化,这就更需要诉诸抽象系统。正如吉登斯指出:"没有任何人能够选择完全置身于包含现代制度中的抽象体系之外。"⑤ 例如在转基因技术的判断和选择中,我们无法采取依赖人际信任的形式,而是需要走向依赖对专家系统(专家专长、专家意见)、评价机制和专业机构的信任,"在现代社会中,不再能诉诸熟悉性和个人德性来决定知识主张的真伪。信任不再给予熟悉的个体,而是给予了各

---

① [英]安东尼·吉登斯:《现代性与自我认同:晚期现代中的自我与社会》,夏璐译,中国人民大学出版社 2016 年版,第 17 页。

② [德]尼古拉斯·卢曼:《信任:一个社会复杂性的简化机制》,翟铁鹏、李强译,上海人民出版社 2005 年版,第 29 页。

③ Steven Shapin, *A Social History of Truth: Civility and Science in Seventeenth – Century England*, Chicago and London: The University of Chicago Press, 1994, p. 243.

④ [德]乌尔里希·贝克、[英]安东尼·吉登斯、斯科特·拉什:《自反性现代化:现代社会秩序中的政治、传统与美学》,赵文书译,商务印书馆 2014 年版,第 106 页。

⑤ [英]安东尼·吉登斯:《现代性的后果》,田禾译,译林出版社 2011 年版,第 73 页。

种体制以及存在于特定体制中的抽象性能力（abstract capacities）"①。

科技导致的巨风险正在引发人类的一种存在性焦虑和对未来的畏惧，"畏惧——一种被焦虑所淹没的景象，这种焦虑直抵我们那种'存活于世'的连贯性感受的深处"②。人类生活和存在的深度科技化，促使我们需要依赖专家系统来进行社会行动，以及极其期望专家系统能对不确定的未来之谜给出确定性的答案。因此，现代性危机呼唤专家信任。贾萨诺夫指出："在生物科技之中，在任何公众议题上，民主政治中的专家的可信度与官员的合法性一样至关重要。"③ 在夏平看来，信任是一种大文明。④ 吉登斯则认为信任涉及人类的本体性安全。"本体意义上的安全是指一种在无意识和实践性意识层面回答根本的存在性问题的过程，而所有的人类生活都会涉及此类问题。"⑤ 因此，在现代社会中，以专家系统为核心的系统信任具有极其重要性，系统信任关乎人类对科技、未来以及自身存在的信心。

二　转基因技术公信力危机的表现和形成原因

一方面，几乎所有的转基因科学家都认为转基因技术相比于传统育种技术没有更多的风险。尤其是，在他们看来，经过了安全评价的转基因产品是安全的。但是，另一方面，公众对转基因技术存在着严重的恐惧和排斥。自从 1997 年我国正式批准转基因棉花产业化种植以来，关于转基因技术的安全性问题一直争议不断。尤其是 2009 年农业部给两种转基因水稻和一种转基因玉米颁发了生产应用安全证书之后，面对转基因技术，专家与公众（不仅包括一般公众，也涉及知名人士和人文学者等）、科学与社会之间更是产生了激烈的冲突。一些实证调查也表明转基因技术遭遇了严重的公

---

① Steven Shapin, *A Social History of Truth*：*Civility and Science in Seventeenth – Century England*，Chicago and London：The University of Chicago Press，1994，p. 411.

② ［英］安东尼·吉登斯：《现代性与自我认同：晚期现代中的自我与社会》，夏璐译，中国人民大学出版社 2016 年版，第 35 页。

③ ［美］希拉·贾萨诺夫：《自然的设计：欧美的科学与民主》，尚智丛、李斌等译，上海交通大学出版社 2011 年版，第 405 页。

④ Steven Shapin, *A Social History of Truth*：*Civility and Science in Seventeenth – Century England*，Chicago and London：The University of Chicago Press，1994，p. 36.

⑤ ［英］安东尼·吉登斯：《现代性与自我认同：晚期现代中的自我与社会》，夏璐译，中国人民大学出版社 2016 年版，第 44 页。

信力危机。张金荣和刘岩对长春市城市居民食品安全意识进行了调查，发现当前公众对转基因食品基本上持一种较不能接受的态度。① 何光喜等通过一项大规模的入户抽样调查数据的分析，结果显示，一是我国公众对转基因食品的健康风险比较担心：17.6% 的人非常担心转基因食品可能对人体健康产生伤害，47.0% 的人有点担心，30.7% 的人不太担心，只有 4.6% 的人完全不担心；二是我国公众对推广种植转基因大米的接受度不高：15.0% 的人表示"完全反对"，39.2% 的人"不太赞成"，42.4% 的人"比较赞成"，只有 3.4% 的人"十分赞成"，与 2002 年相比，接受度有明显下降。② 李敏、姜萍对转基因技术的微博形象进行了研究，她们得出：在态度倾向上，与转基因技术有关的微博呈现出以负面为主的倾向，呈现中性态度倾向的有 117 条，占总量的 16.23%；呈现正面态度倾向的有 164 条，占总量的 22.75%；呈现负面态度倾向的有 440 条，占总量的 61.03%。③

转基因技术何以会遭遇公信力危机呢？首先，公众对转基因技术的不信任与技术内在的不确定性有关。前文已经指出，相比于传统育种方式和杂交技术，转基因技术具有更高的"非自然性"，从而导致其在本体论上具有更大的不确定性，而这种内在的不确定性又导致转基因技术影响的不确定性，即环境、健康风险的不确定性，以及关于转基因技术风险认识论上的不确定性。

其次，公众对转基因技术的不信任与"风险的社会放大"不无关系。早在 1988 年卡斯帕森（Roger E. Kasperson）等人为了解决"为什么被专家评估为一些相对较小的风险和风险事件往往会引起强烈的公众关注，并对社会和经济产生重大影响"这一令人困惑的问题时，就提出了"风险的社会放大"理论。④ 该理论认为，风险的社会放大包含两个阶段（或放大器）：风险信息或风险事件的传播和社会的响应机制。⑤

① 张金荣、刘岩：《风险感知：转基因食品的负面性》，《社会科学战线》2012 年第 2 期。
② 何光喜等：《公众对转基因作物的接受度及其影响因素——基于六城市调查数据的社会学分析》，《社会》2015 年第 1 期。
③ 李敏、姜萍：《对转基因技术的微博形象研究》，《科学学研究》2019 年第 7 期。
④ Roger E. Kasperson, Ortwin Renn and Paul Slovic, et al., "The social amplification of risk a conceptual framework", *Risk Analysis*, Vol. 8, No. 2, 1988.
⑤ ［美］罗杰·E. 卡斯帕森等：《风险的社会放大：一个概念框架》，载珍妮·X. 卡斯帕森、罗杰·E. 卡斯帕森《风险的社会视野（上）：公众、风险沟通及风险的社会放大》，童蕴芝译，中国劳动社会保障出版社 2010 年版，第 79—92 页。

对于转基因技术风险来讲，其中一些是公众自身所直接体验的，但是更多的风险信息则是从别人、媒体那里获取的。转基因技术具有不确定性，在社会语境下，其存在风险扩大的可能性。"很多风险不是人们直接经历的，当直接的个人体验缺失或不足的情况下，个体们会从其他人和媒体中获得有关风险的情况。信息流成为了公众反应的一个关键因素，并充当了风险放大主要原动力的主要角色。"① 影响风险放大的因素有信息的量，大批量的信息可以充当风险的放大器。② 通过对中国知网报纸数据库的统计，当 2009 年农业部给转基因水稻颁发了安全证书后，报纸以"转基因"为标题词的报道篇数明显增加了。媒体的密集报道，会加大公众对转基因技术风险的感知和忧虑。此外，会引起风险放大的信息属性还有：信息的受争议程度、专家之间的争辩等。③ 科学共同体对于转基因技术的安全性存在着较大的争议，没有达成一致的共识，这也会加剧公众对转基因技术风险的不确定感和恐惧。

而风险传播过程也会导致风险被放大。风险信号在传播过程中会被个体和社会放大站放大，社会放大站包括科学家、新闻媒体、文化团体、人际网络等。④ 其中，由于媒体是主要的信息传播中介，因此其在风险的社会放大中扮演着主要放大站的角色。英国 HSE（health&safety executive）的研究报告称，媒体对外行公众的风险感知有重要影响。⑤ 很多媒体在报道转基因食品时都冠以一些吸引眼球的字眼，以及进行一些夸张的比喻等，如此，就会致使公众对转基因技术风险过分关注，导致公众风险意识的增强，并会加剧公众对转基因技术的反对。

风险的社会放大的第二个阶段发生在风险的社会响应机制中。风险与心

---

① ［美］罗杰·E. 卡斯帕森等：《风险的社会放大：一个概念框架》，载珍妮·X. 卡斯帕森、罗杰·E. 卡斯帕森《风险的社会视野（上）：公众、风险沟通及风险的社会放大》，童蕴芝译，中国劳动社会保障出版社 2010 年版，第 79 页。

② ［美］罗杰·E. 卡斯帕森等：《风险的社会放大：一个概念框架》，载珍妮·X. 卡斯帕森、罗杰·E. 卡斯帕森《风险的社会视野（上）：公众、风险沟通及风险的社会放大》，童蕴芝译，中国劳动社会保障出版社 2010 年版，第 79—92 页。

③ ［美］罗杰·E. 卡斯帕森等：《风险的社会放大：一个概念框架》，载珍妮·X. 卡斯帕森、罗杰·E. 卡斯帕森《风险的社会视野（上）：公众、风险沟通及风险的社会放大》，童蕴芝译，中国劳动社会保障出版社 2010 年版，第 79—92 页。

④ ［美］罗杰·E. 卡斯帕森等：《风险的社会放大：一个概念框架》，载珍妮·X. 卡斯帕森、罗杰·E. 卡斯帕森《风险的社会视野（上）：公众、风险沟通及风险的社会放大》，童蕴芝译，中国劳动社会保障出版社 2010 年版，第 79—92 页。

⑤ 卜玉梅：《风险的社会放大：框架与经验研究及启示》，《学习实践》2009 年第 2 期。

理、社会、制度和文化过程互动，会强化或弱化公众对风险或风险事件的反应。① 对于风险的感知与个人的心理活动紧密相关。例如，一些公众认为，科学家、政府部门和生物技术公司形成了利益链，因此对于科学家和政府部门所宣传的转基因技术无风险的观点产生了顾虑。科学家在转基因技术安全性上过分果断地认为无风险性，也会引起公众的质疑，他们会想，作为一项尚未成熟的技术所制造出来的转基因食品，难道真的如转基因科学家们所断言的那样一点风险也没有吗？

公众对于风险的感知也与社会文化传统有关。西方学者甚至提出了风险的"文化决定论"，认为是文化因素导致了人们风险感知的变化和风险意识的增加。② 这种观点具有一定的道理。例如，由于欧洲和美国的社会文化传统不同，致使两国的公众对于转基因技术的风险表现出了不同的感知。相比于美国，欧洲的公众更加惧怕转基因技术风险。此外，一些宗教人士，由于其独特的文化传统，对于转基因技术的风险感知也更为敏感。因此，正如卡斯帕森所指出的：风险部分是对人们造成伤害的一种客观的威胁，部分是一种文化和社会经历的产物。③

第三，在面对转基因技术的不确定性以及存在"风险的社会扩大"下，公众参与转基因技术评价和决策的缺席，以及各方沟通和互信的缺失，进一步加剧了信任危机。在当前的转基因技术安全评价及决策中，比较忽视公众的风险感知和价值判断，采取的是一种"关门式"的内部评价及决策模式，未能向公众开放，而且相关信息也未能及时公布，如此，公众也就未能及时掌握转基因技术研发、安全评价及决策的相关信息，这也是导致公众对转基因技术产生疑虑以及对决策过程和所制定的政策产生不信任的一个重要原因。"在风险管理中屡次发生的失误源于未能对民主社会的整体需求，特别是对社会需求有一个清晰的认识。缺乏公开和'透明'，没能与所谓的'利益相关者'进行商议。"④ 而且，在公众未

---

① ［美］罗杰·E. 卡斯帕森等：《风险的社会放大：一个概念框架》，载珍妮·X. 卡斯帕森、罗杰·E. 卡斯帕森《风险的社会视野（上）：公众、风险沟通及风险的社会放大》，童蕴芝译，中国劳动社会保障出版社 2010 年版，第 79—92 页。

② 毛明芳：《技术风险的社会放大机制——以转基因技术为例》，《未来与发展》2010 年第 11 期。

③ ［英］罗杰·E. 卡斯帕森：《风险的社会放大效应：在发展综合框架方面取得的进展》，载谢尔顿·克里姆斯基、多米尼克·戈尔丁《风险的社会理论学说》，徐元玲等译，北京出版社 2005 年版，第 168—199 页。

④ ［美］罗杰·E. 卡斯帕森等：《风险、信任和民主理论》，载珍妮·X. 卡斯帕森、罗杰·E. 卡斯帕森《风险的社会视野（上）：公众、风险沟通及风险的社会放大》，童蕴芝译，中国劳动社会保障出版社 2010 年版，第 162 页。

能直接地、有效地参与转基因技术评估及决策下，再加上媒体的渲染，例如，《南方周末》发表了《转基因水稻放行：羞答答的政策静悄悄地出》一文、《中国青年报》发表了题为"农业部颁布俩安全证书，转基因'偷偷摸摸'"的文章，那么，公众对所谓的"评价和决策黑箱"会进一步产生不满，并进而对转基因技术产生强烈的怀疑、恐慌和不信任。

不可否认，以上三个原因在转基因技术公信力危机的形成中扮演着重要角色，但是需要进一步指出的是，基于系统信任逻辑，在以往关于技术问题的认知和选择上，公众最终会依赖和相信专家系统的判断。也就是说，只要专家对某项技术做出了安全性评价，公众就会认同、接纳和使用此项技术。但是转基因技术产业化推广的事实显然有悖于系统信任逻辑。因此，在笔者看来，转基因技术公信力危机表面上是技术危机，而实质上，是当代社会的系统信任危机的一种具体表现。也就是说，转基因技术公信力危机的根本原因在于：公众对专家系统（专家专长的客观性和专家判断的中立性）以及由其主导的技术治理机制（技术评估、决策过程和结果）的不信任。例如，据调查，公众对专家"比较信任"和"非常信任"的比例为56.27%，这表明，在当代作为"社会良心"的专家也遭遇了前所未有的信任危机。①那么，以专家系统为核心的系统信任为何在当代社会，尤其在诸如转基因技术等新兴技术治理中，面临着如此严峻的挑战和危机呢？对此，需要进行深入反思和分析。

三 专家系统信任的丧失

以往，公众之所以在技术问题上会相信和依赖专家系统，是因为他们对专家有信心。这种信心源于对专家系统可靠性的认知：一是认为专家掌握的科学知识具有真理性，其能做出客观性的事实判断；二是认为专家的专家意见具有至善性，其能做出中立性的价值判断。因此，吉登斯把信任理解为一种信念。正如前所述，公众对专家系统的信任，既是对专家知识正确性的信念，又是对专家行为诚实性的信念。贾萨诺夫认为：专家既要负责任，又要

① 郭喨、张学义：《"专家信任"及其重建策略：一项实证研究》，《自然辩证法通讯》2017年第4期。

知识渊博。① 可见，专家系统信任既涉及认识论层面，又涉及价值论层面。

科学知识的"真"表征的是，科学是对客观世界的一种本真反映。"人们之所以认为科学知识是特别可靠的，部分是因为它与这个制造（making）和行动（doing）的世界吻合得很好。"② 在常规科学下，科学活动就是在解谜，科学意味着可以征服无知，从而获得确定性的科学结论，由此，公众相信科学、信任专家，以及由此做出选择和行动，便成为一种传统。

但是，随着科学的发展，尤其是新兴技术的兴起，科学不仅表现为一种解决问题的力量，同时也呈现出产生诸如环境风险、健康风险等问题的原因。现代科技发展带来的不确定性使人类社会进入到了风险社会。贝克倡导反思性科学化，以洞察现代性危机的症结，并以此解决现代性困境。反思性科学化使科学理性自我强加的禁忌变得可见和有疑问。③ 自反性科学化下，一种科学的解神秘化过程开始了，以及一种意义重大的科学知识的非垄断化出现了——科学变得越来越必需，但就在同时，它对于社会所遵行的真理定义变得越来越不够。④ 反思性科学化揭示，科学并非绝对真理世界，专家专长并非完全可靠。

面对新兴技术的复杂性和不确定性，福特沃兹（S. O. Funtowicz）和拉维茨（J. R. Ravetz）则认为科学发生了一种范式转变：从常规科学进入后常规科学。在后常规科学下，科学认识的有限性和科学判断的局限性不断凸显。例如，在对切尔诺贝利核事故对英国农场所造成的核污染的调查中，一开始科学家根据自己掌握的相关知识和方法进行了研究，得出的结论是英国农场没有受到核泄漏的铯元素的影响。但是实际情况并非如此，由于科学家对当地情况缺乏认识，导致他们错误地估计了铯元素水平下降所需要的时间。科学家使用的模型是来自碱性黏土的经验性观察，从化学上看，铯元素会被吸收和固定在这种土壤中，不会进入植被，但是英国当地农场的土壤是酸性的泥炭土，而不是碱性土壤。

---

① ［美］希拉·贾萨诺夫：《自然的设计：欧美的科学与民主》，尚智丛、李斌等译，上海交通大学出版社 2011 年版，第 405 页。

② ［英］约翰·齐曼：《真科学：它是什么，它指什么》，曾国屏等译，上海世纪出版集团 2008 年版，第 190 页。

③ ［德］乌尔里希·贝克：《风险社会》，何博闻译，译林出版社 2004 年版，第 193 页。

④ ［德］乌尔里希·贝克：《风险社会》，何博闻译，译林出版社 2004 年版，第 191—192 页。

科学知识的"真"及其事实判断的客观性并非绝对的,公众便开始质疑科学知识的可靠性,因此,公众对专家系统的不信任首先是源于认识论层面的,"现代社会中的不信任意味着对抽象体系所体现的专业知识持怀疑或明显的否定态度"①。其次,公众对专家系统的不信任更多的还涉及价值论层面,即对专家至善性及其能否做出中立性的价值判断产生了质疑。

在学院科学下,科学共同体能遵循默顿规范——普遍主义、公有主义、无私利性和有条理的怀疑态度。科学的独特精神特质使得科技专家能保持"科学良知","这些通过戒律和儆戒传达、通过赞许而加强的必不可少的规范,在不同程度上被科学家内化了,因而形成了他的科学良知"②。因此,在学院科学下,专家系统能做出中立性的价值判断。但是,随着科学开始越来越注重效用,其正在变成一种产业科学,而且具有明显的官僚化特征。科学家也不再是纯粹的科学家,而是具有多重身份,例如还是产业科学家、政府科学家。"如果考虑一下科学家所扮演的不同角色——在产业和学院中,就会发现至少不同的行动者会对规范作出迥异的解释。"③ 对此,齐曼(John Ziman)认为发生了"一场平淡的革命","正是这场文化变革的平淡章节隐匿了变迁,甚至我们这些亲身经历了这场变革的人对此也浑然不觉"④。而实际上,一切都在改变,科学知识的生产方式、科学的形象以及科学与社会的关系都产生了革命性的变化。由此,科学发生着另一种范式转变:从学院科学进入后学院科学。后学院科学不仅是一种知识生产的新模式,"科学知识生产的过程也越来越受到与特定情境相关的其他各种因素和利益关系的约束"⑤,而且也是一种全新的生活方式,其履行着一种新的社会角色,受到新的精神气质和新的自然哲学的管理。⑥ 在后学院科学下,科学的价值取向不仅是求知,而且还是求力、求利。因此,专家判断往往除了科学维度以外,还有多种维度的考虑,

---

① [英] 安东尼·吉登斯:《现代性的后果》,田禾译,译林出版社 2011 年版,第 87 页。
② [美] R. H. 默顿:《科学社会学》,鲁旭东等译,商务印书馆 2000 年版,第 363 页。
③ [加] 瑟乔·西斯蒙多:《科学技术学导论》,许为民等译,上海世纪出版集团 2007 年版,第 31 页。
④ [英] 约翰·齐曼:《真科学:它是什么,它指什么》,曾国屏等译,上海世纪出版集团 2008 年版,第 83 页。
⑤ 李正风:《科学知识生产方式及其演变》,清华大学出版社 2006 年版,第 293—294 页。
⑥ [英] 约翰·齐曼:《真科学:它是什么,它指什么》,曾国屏等译,上海世纪出版集团 2008 年版,第 74、81 页。

而且有时关注更多的是社会价值而不是科学价值。

齐曼认为："科学知识也有一个道德可信性的声誉问题。"① 科学的"善"表征的是，科学家在表达、使用知识中能保持价值无涉，而这是靠"祛私利性"规范来保证的。"祛私利性规范规定，科学家不应该为任何这样的外部因素所影响。为了自身的可信性，学院科学力图生产一种只受自身利益影响的知识。"② 因此，"学院科学是这样一种文化，可靠性（即可信性）的声誉在其中是首要的个人资产"③。但是，后学院科学正在使科学变得不再"纯真"，科学的"善"面临着挑战，"我们生活在一种'后德性'文化中"④。贾萨诺夫也指出："不掺杂个人利益是专业知识的一个先决条件。然而，在美国不断涌现出专家已被政治利益所左右的指控。"⑤的确，后学院科学最大的问题是专家利益关联性，科技专家处于包括科学效益、企业效益、社会效益等在内的多种利益的漩涡之中，进而导致专家价值判断非中立性，这是公众对专家至善性质疑的根源。在他们看来，"一个为政府或企业工作的科学家比一个与政府和企业没有瓜葛的科学家具有更少的可信任性"⑥。实证调查也表明了这一点：专家怀疑的因素也呈现出较为明显的集中趋势，利益关联受到了公众的普遍、严重关切，占比高达 76.47%。⑦

不仅知识生产应该发生在道德场域，而且知识使用和表达也应该发生在道德场域。拥有知识的人是否诚实地使用这些知识（是否在说真话），即是否有力量使之玷污知识以及使之言论与客观事实不符，这涉及知识的德性问题。正如知识的真理性一样，知识的德性也决定着知识的可信赖性。在后常规科

① ［英］约翰·齐曼：《真科学：它是什么，它指什么》，曾国屏等译，上海世纪出版集团 2008 年版，第 191 页。

② ［英］约翰·齐曼：《真科学：它是什么，它指什么》，曾国屏等译，上海世纪出版集团 2008 年版，第 195 页。

③ ［英］约翰·齐曼：《真科学：它是什么，它指什么》，曾国屏等译，上海世纪出版集团 2008 年版，第 194 页。

④ Steven Shapin, *A Social History of Truth*：*Civility and Science in Seventeenth – Century England*, Chicago and London：The University of Chicago Press, 1994, p. 412.

⑤ ［美］希拉·贾萨诺夫：《自然的设计：欧美的科学与民主》，尚智丛、李斌等译，上海交通大学出版社 2011 年版，第 406 页。

⑥ Harry Collins and Robert Evans, "The Third Wave of Science Studies：Studies of Expertise and Experience", *Social Studies of Science*, Vol. 32, No. 2, 2002.

⑦ 郭晓、张学义：《"专家信任"及其重建策略：一项实证研究》，《自然辩证法通讯》2017 年第 4 期。

学下，不确定性是一种常态，而后学院科学家不再是利益无涉和价值中立，因此他们难以在价值和事实判断之间分开，例如，关于转基因技术的安全性，几乎所有的转基因专家都异口同声地认为经过了安全评价的转基因食品是安全的。这显然违背了默顿规范之可怀疑性原则。"有条理的怀疑是这样一种倾向，在完全确证之前，科学共同体并不信任新思想。"① 面对新兴技术的不确定性，科学家缺少"内省"和批判精神以及对技术的过分自信，会加剧信任危机。信任是一种基于道德秩序的道德行为，蕴含着一种道德责任/承诺和道德后果。"我们对世界存在的认识是基于一个道德基础——关于主体间性的道德预期。"② 公众信任专家，意味着专家可以为公众提供可靠的知识和判断；而一旦公众发现专家说了假话——专家判断与事实不符，那么原有的信任状态、关系就会被打破，信任的道德纽带就会断裂，如此，专家的可信性会面临更大的质疑。英国的转基因食品信任危机充分表明了信任问题具有连环效应。在 1990 年代的"疯牛病事件"中，公众发现专家并没有说真话，因而当转基因食品进入英国市场后，公众对专家建议表现出了更多的质疑，而不是信任。疯牛病危机被普遍认为是导致美国和英国在转基因食品问题上呈现出不同点的一个主要因素。③

综上所述，转基因技术等新兴技术的不确定性、复杂性、应用性等特征，促使科学发生着范式转变：从常规科学走向了后常规科学，从学院科学走向了后学院科学。后常规科学导致科学知识的真理性面临挑战，而后学院科学则在促使科学知识丧失道德性。因此，专家系统信任危机是自反性科学的产物。在自反性科学化下，专家系统权威性和可信性的两大基础——专家专长的"真"和专家行为的"善"正在丧失，专家不再是真理的代言人，不再是道德的楷模，这就必然会导致信任危机的产生。

不仅如此，专家系统信任危机更是风险社会自反性的产物。风险社会的根源在于现代技术的不确定性。在风险社会中，我们的生活世界充满着不可

---

① ［加］瑟乔·西斯蒙多：《科学技术学导论》，许为民等译，上海世纪出版集团 2007 年版，第 27 页。

② Steven Shapin, *A Social History of Truth*：*Civility and Science in Seventeenth – Century England*, Chicago and London：The University of Chicago Press, 1994, p. 30.

③ Dave Toke, *The Politics of GM Food*：*A Comparative Study of The UK, USA and EU*, New York：Routledge, 2004, p. 207.

预知的风险，因而，面对诸如转基因技术等新兴技术的广泛应用，我们更加急迫地需要依赖专家及其专长和专家意见来应对不确定性和做出有关选择。巴伯（Bernard Barber）把信任看成是一种期望，"对同我们一起处于社会关系和社会体制之中的那些人的有技术能力的角色行为的期望"①。因此，在吉登斯和贝克等学者看来，信任是风险社会的核心议题，建构信任对于应对风险社会至关重要。但是，现实的情况是，在自反性风险社会下，发现以专家系统为核心的系统信任在应对转基因技术等科技风险的不确定性上，不仅呈现出能力不足，而且还难以保持公正性。系统信任危机导致人类不仅无法应对风险社会，而且信任的缺失正在促使人类产生着一种存在性忧虑，"信任的对立状态便是这样一种心态，它应该被准确地概括为存在性焦虑或忧虑"②，以及本体性安全感的丧失。因此，正是由于在风险社会中，传统的人际信任已无法适应需求，而系统信任又面临内在性问题，这就驱使当代社会走向了卢夫斯迪特所谓的"后信任社会"（post-trust society）。

由此可见，后信任社会的提出是对系统信任无法应对风险社会导致的现代性困境的一种无奈回应。在后信任社会中，存在着一种现代性悖论——我们既迫切地需要依赖专家，又感觉到了专家的不可信。因此，生活于后信任社会中的人们处于一种现代性的迷茫状态中。如果作为"真理世界"的科学知识和作为"社会良心"的科学专家都不值得信任了，那么势必会面临现代文明危机。

鉴此，后信任社会蕴含着双重任务。首先是"解构"，一方面要破除原有的盲目性的系统信任，因为在技术风险社会中，对专家专长和专家判断的极端信任可能是危险的和令人担忧的，对于具有高度不确定性的新兴技术尤其如此。批判性不信任可能有益于社会的运行，因为公众会变得更有知识和能力来表达自己的思想。③另一方面要解析系统信任的内在性症结，以及系统信任危机的本质，"'后信任社会'意味着我们要摘下'信任社会'客观性和确定性的面具，意识到某些假定的错误"④。其次是"建构"新的信任体系。因

---

① ［美］伯纳德·巴伯：《信任：信任的逻辑与局限》，牟斌等译，福建人民出版社1989年版，第11页。

② ［英］安东尼·吉登斯：《现代性的后果》，田禾译，译林出版社2011年版，第87页。

③ Ragnar E. Löfstedt, *Risk Management in Post - Trust Societies*, Houndmills：Palgrave Macmilla，2005，p. xiv.

④ 张成岗、黄晓伟：《"后信任社会"视域下的风险治理研究嬗变及趋向》，《自然辩证法通讯》2016年第6期。

为信任对于维系人类的认知和社会秩序，以及应对不确定性的未来和保证人类的本体性安全感，是一种不可替代的道德关系。因此，在批判、反思的基础上，重建信任体系是一项迫切的、必需的时代任务。

根据前面的分析可知，转基因技术公信力危机的实质是专家系统为核心的系统信任危机。而专家系统面临公信力危机的根本原因在于，专家权威性和可信性的基础——科学的"真"和"善"在丧失，即专家在应对新兴技术的不确定性上存在能力不足和不公正性两大问题。因此，走出后信任社会，重构信任社会，关键在于应对技术不确定性以及由此带来的风险社会困境。这就需要在探讨专家系统信任面临的问题的基础上，进一步反思以专家主义为核心的传统技术治理路径——技治主义，所存在的问题和挑战，以及对其提出相应的变革路径。关于这个问题，下一章将进行具体分析。

第四章　转基因技术治理的传统理路：
问题与对策

转基因技术公信力危机的形成不仅与技术风险本身的不确定性有关，而且也与技术风险治理的局限性有关，因此，我们不仅需要走向负责任的转基因技术创新，而且更需要走向负责任的转基因技术治理。对此，本章将梳理当前转基因技术治理的现状，分析其存在的问题，并提出变革技术治理模式的对策。

一　转基因技术治理的技治主义路径

随着技术社会化和社会技术化的加剧，技治主义（technocracy）成为国家和社会事务的一种重要治理理路。技治主义又被称为技术专家治理沦、技术统治论等，其核心内涵是，注重科学和技术理性至上性，认为科学和技术知识是进行有效社会治理的基础，"在技术统治论中，科学占据主导地位，因为人们相信科学可以为我们开辟出一条最光明的道路"①；强调决策权力应该归属于具有科学专长的专家。技治主义具有明显的科学主义、技术决定论、技术乐观主义、精英主义等色彩。

在具体科学、技术发展的评价和决策上，技治主义更为盛行。在技治主义者看来，科学专长和科学专家具有权威性，由此，相信科学和专家判断，认为专家主导科技评价和决策具有正当性和合理性，而超出这两者之外没有什么可以在科技评价和决策中值得诉诸和依赖。

考察转基因技术治理的实践，很明显，实行的是技治主义治理路径。一

---

① ［瑞士］萨拜因·马森、［德］彼德·魏因加：《专业知识的民主化？——探求科学咨询的新模式》，姜江等译，上海交通大学出版社 2010 年版，第 56 页。

项农业转基因技术产品要进行产业化推广，关键是要获得农业转基因生产应用安全证书（以下简称安全证书）。而安全证书发放的前提是要通过国家农业转基因生物安全委员会（以下简称安委会）的安全评价。目前安委会主导的转基因技术安全评价，具有五个显著特征。

一是安委会是一个精英组织。为了在国家层面上加强转基因技术的管理，2001 年国务院颁布了《农业转基因生物安全管理条例》。根据这一条例，2002 年成立了专门的转基因生物安全评价机构——安委会，目的是加强对转基因技术的安全性评价。在安委会成立之前，对转基因技术开展安全评价的组织是，根据 1996 年农业部制定的《农业生物基因工程安全管理实施办法》而成立的农业生物基因工程安全委员会。安委会负责全国转基因技术及其产品的中间试验、环境释放或商品化生产的安全性评价。从 2002 年至今，安委会共组建了六届。从安委会的组成人数来看，安委会是一个小规模的专家委员会，历届委员人数分别为 58 人、74 人、60 人、64 人、75 人、76 人。

二是安委会成员主要是由科技专家组成。安委会的专家主要来自农业、医学、卫生、食品、环境、检测检验等领域。据有学者对前五届安委会成员的专业分布的统计发现：来自农业育种、植物保护、畜牧兽医等科技领域的专家，分别占到了 48.3%、47.3%、50%、43.7%、46.7%，而所有委员中只有 2 名人文社科学者（国际贸易专家陈文敬和农业经济学者杜鹰）。[①]

三是安全评价基于可靠科学原则。在第五届农业转基因生物安全委员会成立大会上，农业部有关负责人表示：转基因安全性的本质是科学问题，遵循科学原则严格开展安全评价是转基因管理工作的关键。在具体的转基因技术安全评价实践中，也是把科学知识和方法作为判定安全性的唯一标准，认为基于当前的科学水平，没有发现安全性问题，那么其就是安全的；至于未来可能出现的风险，则随着科学的发展，也能把它解决。

四是安全评价采取的是封闭式模式。现在，转基因生物安全评价的结果，即农业转基因生产应用安全证书的颁发情况，通过网络进行了公布。但是，涉及安全评价的很多信息依旧是不可知的，例如，安委会成员的遴选机制；安全评价的实施过程、具体标准；提交申请安全证书的转基因作物品种的特性及其安全性试验数据；建议和拒绝发放安全证书的理由等。由此，当前的

---

① 杨辉：《谁在判定农业转基因生物是否安全》，《自然辩证法研究》2019 年第 10 期。

转基因技术安全性评估是一种关门式、内部评价，缺少公开性和透明化。

五是公众未能参与安全评价。 2009 年农业部给两种转基因水稻和一种转基因玉米发放了生产应用安全证书以后，引起了公众的广泛关注。这表明："在与技术风险相关的政策制定事务中，相关主体多元化的利益诉求和价值取向正在不断增强。期望通过更多的途径来表达自己的立场，期望将自己的需求和主张纳入到决策者的视野中，已成为相关主体越来越明显的行为倾向。"① 不可否认，公众对转基因技术的讨论、抗议等行为以及他们的部分观点和利益诉求已经引起了决策者的关注，并对转基因技术的产业化决策产生了影响。例如，尽管已经给转基因水稻发放了安全证书，但是至今农业部门都明确表示，我国转基因水稻还没有进行产业化种植。但是，需要注意的是，公众围绕转基因技术安全性的相关讨论都是在评价和决策的外围，而不是在评价和决策之中，即未能坐到评价和决策桌旁，直接地参与转基因技术的安全评价及决策。

由此可见，安委会主导的转基因技术评价及决策充满着技治主义色彩。而进一步地考察后发现，此种技治主义治理路径的立论前提实质上是坚持科学例外论。

在"二战"中，科技在军事方面显示出了其独特的力量。战后，科技对经济、政治等社会各领域的发展都产生了巨大的影响。因此在科学主义的影响下，科技被看作人类最具智慧且最具力量的知识和文化，有着自身的发展逻辑，有着不同于其他领域的特殊性，因此其应该享有特殊的地位。由此，宾伯（Bruce Bimber）和古斯顿（David H. Guston）把此种情况概括为"科学例外论"。科技评价与决策基于四种有关科学例外论的主张，具体来讲：

知识论的科学例外论。 科学是对真理的寻求，这个"真理"本质上被认为是公共的、可检验的、普遍的；真理与科学的这种联系暗含着科学是好的，因为真理本身是好的；我们既然承认真理是好的，那么就应该采纳掌握着科学真理的科学家的建议。② 由此认为，科技专家掌握着关于科学技术的确定

---

① 缪航：《社会语境下的生物技术治理研究——以转基因技术为例》，博士学位论文，中国科学院大学，2011 年，第 81—82 页。

② ［美］布鲁斯·宾伯、大卫·H. 古斯顿：《同一种意义上的政治学》，载希拉·贾撒诺夫等《科学技术论手册》，盛晓明等译，北京理工大学出版社 2004 年版，第 425 页。

的、可靠的、全面的专业性知识，因而从能力和资格上看他们能够对科技的安全性进行正确的评价与决策。

社会学的科学例外论。科学家具有一组特殊的制度化规范——普遍主义、公有主义、无私利性、有条理的怀疑，这些规范强化了科学共同体中的好的行为，使得他们能扮演好应有的角色。① 由此认为，科技专家在科技评价与决策中能保持中立、客观的立场，能做出公正的评价与决策。

柏拉图式的科学例外论。技术评价具有复杂性、深奥性，公众的科学素养往往比较欠缺，因此没有能力参与到技术评价中；也就是说，技术评价超出了公众的知识范围，公众参与技术评价不仅不能起到积极作用，反而会亵渎技术问题。② 由此认为，针对科技评价与决策，公众是外行，参与评价的准入门槛——专业知识、技术设备等难以达到，既然如此，把技术评价权赋予科学共同体将是明智的。

经济上的科学例外论。科学是有价值的，科学是为了将来获得收益而就当前所进行的一项独特的投资。这正如《科学：没有止境的前沿》的作者布什（Vannevar Bush）指出的，即使今天看不到任何的有利可图，我们也要支持科学的发展，因为在未来也许就会产生效益。因此，支持科技的发展是政府必需的举措，即使科技会带来一定的负面影响。"经济独特性也许是一种影响最大的例外论范畴。因为，即使科学不是'真理'，即使科学没有超越外行人的知识范围，但科学仍然是政府为了提高未来的经济生产力所选择的最佳投资对象。"③

可以说，正是科学例外论思想的影响，科学家可以从政府那里获得足够的资源、自主性和独特地位，而政府则可以从支持科学家以及科学发展中得到声望和政绩。所以，从一定程度上讲，科学例外论促成了科学家与政府之间的联姻和共识，以及促使尤其涉及诸如转基因技术等新兴技术发展的评价和决策走向了技治主义。

---

① ［美］布鲁斯·宾伯、大卫·H. 古斯顿：《同一种意义上的政治学》，载希拉·贾撒诺夫等《科学技术论手册》，盛晓明等译，北京理工大学出版社2004年版，第427页。

② ［美］布鲁斯·宾伯、大卫·H. 古斯顿：《同一种意义上的政治学》，载希拉·贾撒诺夫等《科学技术论手册》，盛晓明等译，北京理工大学出版社2004年版，第426页。

③ ［美］布鲁斯·宾伯、大卫·H. 古斯顿：《同一种意义上的政治学》，载希拉·贾撒诺夫等《科学技术论手册》，盛晓明等译，北京理工大学出版社2004年版，第435页。

二　技治主义治理路径的失当性

如果科学例外论是正确的，那么在转基因技术的治理上采取技治主义路径就是恰当的；否则，就是不恰当的。可见，要分析技治主义治理路径的合理性，关键是要考察科学例外论是否具有合理性。因此，接下来，笔者将结合转基因技术的具体情况，在审视科学例外论是否具有合理性的基础上，对技治主义治理模式进行批判性分析。

（一）技治主义存在认识论上的欠缺

如果知识论的科学例外是恰当的，即科技专家是真理的代言人，他们在转基因技术风险的认识和评价上能够获得确定的、可靠的、理性的结论，那么把转基因技术评价和决策权交给科技专家则具有认识论上的合理性。事实果真如此吗？

正如前文指出的，在后常规科学范式下，针对新兴技术的不确定性，专家专长面临着知识的专业性失灵。在转基因技术风险的评价上，也是如此。具体来讲，当前科学评价转基因技术安全性存在两个方面的不足。首先，转基因技术知识具有有限性。目前科技专家对转基因技术的原理及其环境、健康风险已经有了一定的认识，但是，依然有很多风险是科技专家不知道的或不能完全认识的，主要原因在于转基因技术的"新""深""突破性""不确定性"：

一是转基因技术是一项新技术。从1953年沃森和克里克发现DNA双螺旋结构算起，作为转基因技术科学理论基础的分子生物学至今也就走过了半个多世纪。而1970年科学家才真正进行成功的转基因操作，即借助限制酶，学着分离DNA的一部分并把它插入另外的DNA。① 1983年世界上第一例转基因作物才面世。1994年美国食品和药品管理局批准了第一例转基因作物（Calgene公司研发的延熟保鲜西红柿）② 的产业化种植并随后进入市场销售至

---

① ［法］R. A. B. 皮埃尔、法兰克·苏瑞特：《美丽的新种子——转基因作物对农民的威胁》，许云锴译，商务印书馆2005年版，第49页。

② Robert L. Parlberg, *The Politics of Precaution：Genetically Modified Crops in Developing Countries*, Baltimore and London：The JohnsHopkins University Press, 2001, p. 2.

今，不过二十多年。由此可见，从时间维度上看，转基因技术还是一个新的研究领域。而对于转基因技术环境、健康风险的认识和研究更是一个新的领域。因此，现在对于转基因技术及其可能出现的风险的科学认识还很不够，未知的东西太多了。"世界科学的水平还不可能完全精确地预测一个基因在一定的新遗传背景中会发生什么样的相互作用。"①

二是转基因技术是一项"深"技术。前文已经论述，转基因技术具有"深"科学根源，分子遗传学是一种比孟德尔遗传学"更深"的科学；与传统育种方式和杂交技术相比，转基因技术对物种是一种"高"干预和"强"控制；相比于传统作物和杂交作物，转基因作物具有"更高"的人工性。由此，正是由于转基因技术的这种"深"技术本质——在更为微观层次，以更为彻底的方式在解构、改变甚至制造生命，这就对科技专家认识技术本身和技术应用后果带来了巨大的挑战。

三是转基因技术是一项突破性技术。相比于传统育种方式和杂交技术，转基因技术的独特性在于其可以打破"自然的秩序"：只有相同物种的不同品种或是有很近的亲缘关系的物种才能杂交。基因工程实现了一种质的飞跃，因为它颠覆了自然秩序，消除了"物种障碍"的界限，从理论上说，从任何活的生物身上选取有用的基因，不管它原本属于哪个领域——病毒、细菌、植物、动物或是人类，然后把这个基因插入植物体内，这是可以实现的。② 这是在用技术手段制造新的人工生命形式。因此，如果说，现有技术的问题主要是生态不敏感性，对自然主要产生了污染效应，比如导致了酸雨、臭氧层空洞、全球变暖，其结果是破坏了自然的完整性，那么转基因技术以及转基因产品破坏的则是自然的存在论意义。③ 因此，正是由于转基因技术的新颖性和突破性将可能会产生新的、不同于以往作物培育技术所产生的环境、健康风险，这就为科技专家进行认识这些风险造成了新的困难。

四是转基因技术是一项不确定性的技术。转基因生物的制造过程存在不确定性，"转基因生物的构建过程中存在大量的随机成分，存有这样或那样的

---

① 曾北危：《转基因生物安全》，化学工业出版社 2004 年版，第 128 页。

② ［法］R. A. B. 皮埃尔、法兰克·苏瑞特：《美丽的新种子——转基因作物对农民的威胁》，许云锴译，商务印书馆 2005 年版，第 48 页。

③ Keekok Lee, *The Natural and The Artefactual*：*The Implications of Deep Science and Deep Technology for Environmental Philosophy*, Lanham, Md.：Lexington Books, 1999, pp. 114、117.

不确定性。转基因生物构建过程的随机性必然导致所产生的效应的随机性"①。例如，目标基因转入受体作物后会出现基因沉默、失活、损坏等非预期效应。不仅如此，转基因生物形成之后也具有不确定性，"转基因生物或其产品的内外变化可能给蛋白质的产生和代谢活动带来无法预料的影响"②。可以说，正是由于转基因过程的不确定性和转基因生物的不稳定性，导致其可能产生的环境、健康风险也呈现出不确定性。"转基因技术培育出的转基因生物在演化发展中会产生不确定性的未来，而这超出了目前科学实验验证的极限，人们还知之甚少。"③ 因此，目前科技专家很难完全认识到转基因技术风险的类型、发生概率及其影响范围、程度、时间等。

其次，转基因技术评价方法具有局限性。当前，针对转基因技术风险的评价，已经探索出了一些具体的方法，如环境风险上采取了可控性试验，如健康风险上采取了实证等同性原则，这为捕捉、评价转基因技术风险起到了一定的作用，但是不可忽视的是，目前的评价方法存在着较大的缺陷。

一是环境风险评价方法的缺陷。转基因技术环境风险评价需要经过实验研究、中间试验、环境释放和生产性试验四个阶段。实验研究和中间试验均在控制系统（物理控制和生物控制建立的封闭操作体系）内进行。环境释放和生产性试验尽管是在开放的生态环境中进行，但是此类试验的生态环境范围是较小的、较单一的，而转基因技术的产业化种植则是要在大范围内（不同的生态环境中）进行。因此，通过在实验室中或在特定的、可控的自然条件下进行的小规模试验所获得的关于转基因技术环境风险评价的数据和资料是存在较大局限性的，"实验室条件下实施的小规模实验的结果，不可以推广到农民在复杂生态系统中种植的经济作物的情况"④。

不仅如此，不管是实验研究、中间实验、环境释放还是生产性试验都是在有限的时间范围内进行的，获得的研究资料只是反映了转基因技术短期内的环境影响，而且由于转基因作物是新生事物，关于其环境风险的知识积累

① 曾北危：《转基因生物安全》，化学工业出版社 2004 年版，第 58 页。
② Jan Husby、Terje Traavik：《转基因生物潜在不利影响概述》，载薛达元《转基因生物风险与管理——转基因生物与环境国际研讨会论文集》，中国环境科学出版社 2005 年版，第 36 页。
③ 欧庭高、王也：《关于转基因技术安全争论的深层思考——兼论现代技术的不确定性与风险》，《自然辩证法研究》2015 年第 5 期。
④ ［法］R. A. B. 皮埃尔、法兰克·苏瑞特：《美丽的新种子——转基因作物对农民的威胁》，许云锴译，商务印书馆 2005 年版，第 50 页。

本身也很有限，因此"科学家团体普遍意识到我们现在缺乏关于遗传修饰生物体分布的长期影响的数据资料"①。而转基因技术环境风险具有潜在性，"转基因植物对人类和环境的影响将会是长期的，很多影响可能产生时滞效应"②。所以，关于转基因技术环境风险的短期评价也是存在局限性的，并不能代表其可能存在的长期影响。

可以说，传统作物是经过人类千百年来的培育、改良而成的，经历了时间和经验的检验。作为与传统作物具有本质性差异的转基因作物是一个新生事物，而对待一个新生事物，仅仅采用可控性试验——规模控制（小规模）、时间限制（短时间），来评价其可能存在的环境风险是存在较大欠缺的，难以真实地获取实际情况。

二是健康风险评价方法的缺陷。作为转基因技术健康风险评价的主要方法——"实质等同性原则"——所基于的方法论基础是还原论，其具体的操作途径是比较法，即把转基因食品还原成各种具体的化学成分，然后与传统作物的相应成分进行比较。如果一种转基因食品与已经存在的传统同类食品，其特性、化学成分、营养成分、所含毒素以及人和动物食用情况类似，即具有实质等同性，那么转基因食品与传统食品同样安全。③ 可以说，此种还原论思维是存在局限性的，仅仅把基因看作一个个孤立的单元，忽视了基因之间的相互联系，没有科学地认识到生物体内在的有机整体性。而实际上"多个基因相互调控形成的整体有很多功能，而孤立地观察一个基因时，却看不出各自的作用"④。有科学家也指出："有机体代表的不只是部分的总和，一个生命有机体代表了一个成功的相互作用的综合。"⑤ 因此，在转基因技术健康风险的评价上，不考察与传统作物培育技术具有本质性不同的转基因技术产品的培育过程，而只关注转基因产品本身；不分析转基因食品的基因被人为改变后的影响；不从整体上评估转基因食品的内在结构、营养成分、毒素、过敏性等是否发生变化，而仅仅进行"实质等同性"的还原分析，是存在较

---

① ［法］R. A. B. 皮埃尔、法兰克·苏瑞特：《美丽的新种子——转基因作物对农民的威胁》，许云锴译，商务印书馆2005年版，第50页。

② 陈栋等：《转基因植物生态风险研究进展》，《广东农业科学》2004年第4期。

③ 赵兴绪：《转基因食品生物技术及其安全评价》，中国轻工业出版社2009年版，第23页。

④ 费多益：《转基因：人类能否扮演上帝?》，《自然辩证法研究》2004年第1期。

⑤ 参见霍春涛《生物技术危险性的评价及社会控制》，《自然辩证法研究》1998年第3期。

大不足的。

而实际上，转基因技术健康风险评价应该采取个案分析原则，即对转基因食品进行全面的营养学、毒理学、过敏性、免疫学等评价。但是，在目前的科学水平下，对转基因食品进行以上这些方面的安全评价也存在方法上的欠缺。例如，在过敏性评价上，"目前国内外转基因致敏评估手段和方法尚不完善，还存在评估策略有待改进、致敏原数据库不健全、标准动物模型还未建立等问题"①。因此，一方面"实质等同性原则"存在缺陷，另一方面全面的营养学、毒理学、过敏性、免疫学评价方法尚未完整地构建起来。因此，目前在转基因技术健康风险的评价方法上存在着较大的局限性。

由此可见，转基因知识的有限性和评价方法的局限性使得科技专家在转基因技术风险的评价上面临着困难。在转基因技术风险评价中，科技专家具有技术理性局限，并非真理的代言人，并没有获得确定的、可靠的、全面的知识，存在着知识的专业性失灵，进行正确的转基因技术安全评价是艰难的。由此，在转基因技术评价和决策中，仅仅依靠科技专家，盲目信赖科技专家的观点是不可行的，知识论的科学例外论具有失当性。因此，完全地、绝对地把转基因技术评价和决策权交给科技专家，存在认识论上的局限性，即从知识论角度看，技治主义存在欠缺，并不能完全应对转基因技术的不确定性风险。

（二）技治主义存在价值论上的欠缺

如果正如社会学的科学例外论所认为的，科技专家是道德楷模，能完全遵循科学规范，保持中立、客观的立场，那么把科技评价权交由科技专家而不加以任何的监督是恰当的。但是，正如上一章指出的，在后学院科学范式下，针对新兴技术的不确定性，专家存在立场中立性失灵；在转基因技术评价中也是如此。尽管大多数科学家依旧遵循着科学规范，但是也有一些科学家可能会"出轨"，规范面临挑战。具体表现为：

普遍主义规范失范。"普遍主义规则深深地根植于科学的非个人性特征之中。"② 它要求评价科学主张的标准，必须服从先定的非个人性的标准，不依

① 陈如程等：《转基因食品致敏性评价研究进展》，《中国公共卫生》2013 年第 11 期。
② ［美］R. H. 默顿：《科学社会学》，鲁旭东等译，商务印书馆 2000 年版，第 366 页。

赖于提出这些主张的人的个人或社会属性。[①] 在转基因技术安全评价中，普遍主义规范面临着失范的危险，"当更大的文化与普遍主义规范相对立时科学的精神特质就会受到严峻的考验"[②]。首先，转基因技术研究的政府资助可能"会将政治带入科学中，也将科学带入政治中"[③]，因此科技专家难以保持客观性，他们可能会考虑到转基因技术可以保障国家的粮食安全、促进农业产业升级而过多地关注其所带来的政治、经济效益，而忽视了对其环境、健康风险的理性判断；其次，在转基因技术安全评价中，科技专家可能会顾及特定利益集团的利益，而忽视其对公众可能带来的风险；第三，科技专家是有个人品质属性的，他们在做出科学判断时可能会由于对转基因技术的过度偏好，而掩盖其可能存在的风险。

公有主义规范失范。公有主义主张的是科学知识——科学的核心产品——是公有的。[④] 科学家必须充分地公开自己的科学发现，而不能干涉或者阻碍别人对自己的研究成果的使用。在转基因领域的科学研究中，公有主义规范也在遭受破坏，这典型地反映在功能基因专利上。转基因科学研究人员通过寻找、测定，发现了一系列具有产业化应用前景的功能基因，如高产基因、抗逆基因等，从而申请了专利。功能基因的确立，更多的是体现为科学发现而不是技术发明，因此其申请专利违背了公有主义规范。而此种新型知识产权的出现，导致知识不能共享，限制了别人对这些功能基因的研究和使用，与普遍主义规范所遵循的科学具有社会性、科学成果的共享性等精神理念相违背。不仅如此，正是由于一些科技专家手中掌握着功能基因的专利，他们在进行安全评价时，很难做到将自己的利益和行为与转基因技术的安全性判断分离开来。

无私利性规范失范。无私利性规范要求科学家按照科学事实的本来面目真实地公布研究成果，而不应该考虑自己的个人利益。"无私利性应该杜绝欺诈，比如报告捏造数据，因为欺诈行为通常意味着利益侵蚀了科学工作。"[⑤]

① ［美］R. H. 默顿：《科学社会学》，鲁旭东等译，商务印书馆 2000 年版，第 365—366 页。
② ［美］R. H. 默顿：《科学社会学》，鲁旭东等译，商务印书馆 2000 年版，第 366 页。
③ ［英］约翰·齐曼：《真科学：它是什么，它指什么》，曾国屏等译，上海世纪出版集团 2008 年版，第 90 页。
④ ［加］瑟乔·西斯蒙多：《科学技术学导论》，许为民等译，上海世纪出版集团 2007 年版，第 26 页。
⑤ ［加］瑟乔·西斯蒙多：《科学技术学导论》，许为民等译，上海世纪出版集团 2007 年版，第 26 页。

而科技专家具有经济人特性，往往希望自己的科研项目、自己的专利产生经济效益或者说自己的研究领域能得到社会的重视。因此，尤其是政府科学家和产业科学家，在做出科学判断时更难以与自己的私利割舍。政府科学家供职于政府部门或者与政府有着紧密联系，为政府决策提供咨询和服务，他们在做出科学判断时难以去除政治性而仅仅考虑科学性。产业科学家，要么与企业有着特殊的关系，要么自己拥有企业，一些转基因科学家自身或者其家属与生物技术公司有着利益链。如此，这些手中掌握着专利的转基因科学家，以及与政府、生物技术公司有密切关系的转基因科学家，在转基因技术安全评价中能一点不顾及自己的私利吗？

有条理的怀疑规范失范。"有条理的怀疑是这样一种倾向，在完全确证之前，科学共同体并不信任新思想。"① 按照这一科学规范，转基因科学共同体在面对转基因技术这一新生事物时，对其可能存在的不确定性要表示关切，对其可能对人体健康和环境有害的风险要进行审慎的评价，对那种认为转基因技术绝对安全的论调要进行有条理的质疑。如此，才能体现出科学家所具有的独特精神特质和行为规范。但是，通过考察当前转基因科学共同体的言论，我们发现存在两种现象：其一，发表意见的转基因科学家"异口同声"地认为转基因技术是安全的，其他转基因科学家则"集体失声"；其二，转基因科学家在转基因技术安全性上的态度是斩钉截铁的，认为"绝对"安全。这显然是失常的，不符合有条理的怀疑这一科学规范。

由此可见，在后学院科学下的转基因技术评价中，科技专家具有一定的经济理性局限，面临着道德性失灵的风险而并非是道德的楷模。在实际的安全评价中，他们难以受制于默顿所提出的科学规范，"如果我们转向科学实践，发现这些规范的对立面，保密、特殊主义、私立性和轻信——无处不在"②，存在着立场的中立性失灵，由此，科技专家做出公正的转基因技术安全评价是相对的。因此，社会学的科学例外论是不恰当的，不能凭借科技专家知识的权威性和道德的理想化，而把转基因技术安全评价完全交由他们来负责，而不受社会的任何监督。由此，社会学的科学例外论高估了专家知识的公正性，实际上，专家行为、专家判断并非绝对的"善"，科技专家不仅存

① ［加］瑟乔·西斯蒙多：《科学技术学导论》，许为民等译，上海世纪出版集团2007年版，第27页。
② ［加］瑟乔·西斯蒙多：《科学技术学导论》，许为民等译，上海世纪出版集团2007年版，第33页。

在技术理性局限，还存在着道德理性局限。所以，从价值论的角度看，技治主义并不能完全应对转基因技术的不确定性风险。

（三）技治主义忽视了公众参与的价值

如果正如柏拉图式的科学例外论所言，公众没有能力参与或者公众参与不具有价值，那么把公众排斥在转基因技术评价和决策体系之外则是合理的。实际情况果真如此吗？

柏拉图式的科学例外论往往借口科学的深奥性而认为公众没有能力参与转基因技术评价，"这是一个普遍的假定，甚至是生物技术科学家用于对付非基因工程学科领域科学家的口头语"[1]。不可否认，由于转基因技术是高新技术，不易认识与理解，公众参与评价会遇到一定的障碍。但是，公众转基因技术认知能力现在的欠缺，并不代表永恒的欠缺。通过科学传播，公众的转基因科学素养是可以提升的。问题是，我们需要反思：过去的转基因技术传播的力度和方式是否恰当？应该如何加强和改进转基因技术传播才能提高公众的转基因认知能力？而且，部分公众的转基因科学素养不高，并不代表所有公众都是如此。公众的外延是很广的，不仅指普通公众，也包括一些受过高等教育的，具有一定科学素养的各种群体，"他们中有一些人拥有科学技术背景，能够参与更加复杂的讨论"[2]。而基于柏拉图式科学例外论的人没有认识到这一点，片面化地认为公众不能理解转基因技术及其相关的问题，而不让公众参与到转基因技术评价中来，这显然是不对的。

不仅如此，即使公众的转基因科学知识不足，依旧可以而且有必要参与到转基因技术评价中来，他们的参与不仅不会亵渎科技问题，反而会产生积极价值。

首先，这与转基因技术评价的不确定性有关。转基因技术评价具有较大的不确定性，是一种后常规科学下的评价，科学知识显露出了有限性。而相对于科技专家，公众所拥有的实践性知识、地方性知识——源于具体劳作和

---

① James Keeley，"Public Participation in Biosafety Decision – Making：Linking Internationl and Chinese Experiences"，载薛达元《转基因生物风险与管理——转基因生物与环境国际研讨会论文集》，中国环境科学出版社 2005 年版，第 248 页。

② James Keeley，"Public Participation in Biosafety Decision – Making：Linking Internationl and Chinese Experiences"，载薛达元《转基因生物风险与管理——转基因生物与环境国际研讨会论文集》，中国环境科学出版社 2005 年版，第 248 页。

生活中的关于转基因技术的认识和体会——在转基因技术安全评价上具有其自身的优势和价值，可以作为科学知识的一个补充，来共同应对转基因技术风险的不确定性。

例如，转基因技术的使用者（农民）的实践性知识对于环境风险的评价具有价值。转基因技术环境风险的认知与具体的生态环境紧密关联，科学知识往往只是给出了转基因技术环境风险的普遍性评价，而忽视了地方性差异。而在具体生态环境中耕耘的农民是转基因作物环境风险的直接感受者，他们对环境风险有一种直观的、经验性的、具体化的感知。此种关于环境风险的地方性的、实践性的知识，可以弥补科学知识、实验室知识只是在一个有限的生态环境中和时间维度中以及未完全开放的试验环境中获得的对转基因技术的特定的、部分的、有限的环境风险的认识的不足之处。

再例如，转基因技术产品的食用者（消费者）的实践性知识对于健康风险的评价具有价值。不同的公众由于其自身生理特质的不同，对转基因食品健康风险的感知是不同的，"那些被挑选的食品可能对个人健康有益，也可能有害，也可能无任何影响，这取决于食用这些食品的个人体质"[1]。不同地区的公众由于其生活环境的不同，对转基因食品健康风险的感知也呈现出差异性，比如"生活在贫硒地区的人，转基因高硒食品对人体有益；生活在硒中毒地区的人，转基因高硒食品则有害"[2]。由此，科学知识在评估转基因食品的安全性上具有局限性，"确切地判定某种食物成分与不良反应的关系相当困难"[3]。而来自不同地区、具有不同生理特质的公众，带着他们对转基因食品健康风险的广泛的、差异化的、具体的、实践性的、直接的、个体性的体验和感知，参与到转基因技术评价中，可以弥补科技专家在转基因技术健康风险上所获得的局部的、片面的、实验室的、间接的、一般化的、理论化的科学认知的欠缺。

其次，这也与转基因技术评价的复杂性有关。转基因技术应用涉及经济的、政治的、伦理的、文化的等多个层面。由此，转基因技术评价是复杂的，不仅是个科学技术问题，而且也是个社会文化问题；不仅需要科学知识作为

---

① 刘培磊等：《一种转基因食品的安全性评价流程》，《农业科技管理》2007年第3期。
② 刘培磊等：《一种转基因食品的安全性评价流程》，《农业科技管理》2007年第3期。
③ 郑永权等：《基因修饰食品的几个安全性问题》，《农业生物技术学报》2002年第3期。

背景，而且也需要人文知识作为支撑。因此，"不能仅仅从科学的角度去处理，而是必须包括社会价值和感知"①。

公众的社会文化感知对于应对转基因技术评价的复杂性具有积极意义。在转基因技术评价中，如果说从科学维度来看，公众可能具有一定的无知性；但是从文化维度看，公众则不无知，有时反而成了"专家"。因为公众是政治文化、经济文化、饮食文化、宗教伦理文化的直接感知者。例如，在宗教伦理文化方面，不同的宗教有着不同的宗教信仰和宗教文化，也就有着不同的饮食文化。在传统食品中，根据外表就很容易鉴别食品的性质，但是在转基因食品中则不然。因为转基因技术可以跨越动植物的界限，对生物的内在基因进行重组，例如抗冻西红柿的培育，从外表上看这种西红柿同传统西红柿并无区别，可是这种西红柿内在的成分发生了质的变化，因为它被转入了鱼这种动物的基因。这对素食主义者的饮食"安全"构成了伦理风险。所以对于宗教饮食文化与习惯来讲，来自不同宗教的公众才是"专家"，才是最了解他们自身的饮食习惯、消费戒律与需求。因此，在具体的转基因技术评价中需要考虑诸如宗教伦理文化等复杂的社会因素，否则由于其独特性和创新性会遭遇敏感群体的反感与反对而失去公信力。所以说："公众在科学知识以及其他知识不充分的情况下公众主要依据社会文化价值、观念来对转基因技术风险进行评价与决策，这不是非理性的，而是有限理性的表现。"②

由此可见，并非像柏拉图式科学例外论者所认为的那样，科学具有复杂性、特殊性和神圣性，而公众是无知的、无能的，因此要剥夺他们在安全评价中的话语权。相反，我们应该看到公众的转基因技术认知能力是可以提高的，公众具有的地方性知识和实践性知识以及社会文化感知对于应对转基因技术评价的不确定性与复杂性具有重要意义。因此，柏拉图式的科学例外论是不恰当的，转基因技术评价并不只能由科技专家来承担，公众参与评价也是可行的和必要的，不能把他们完全拒之于门外。所以，技治主义者持有柏拉图式科学例外论，忽视了公众参与转基因技术评价及决策的价值，具有失当性。

---

① Beatrix Tappeser, "Environmental Risks of GMOs and Approaches for Their Risk Assessment"，载薛达元《转基因生物环境影响与安全管理——南京生物安全国际研讨会论文集》，中国环境科学出版社2006年版，第26页。

② 肖显静：《转基因水稻风险评价中的无知和理性》，《绿叶》2013年第12期。

（四）技治主义未能对不确定性风险做出预警

科学是人类社会进步的重要动力，投资科学就是投资未来，不无道理。转基因技术作为一项新兴技术，具有相对较快的成长性和突出的影响力。转基因技术产业化已经显示出了或者具有潜在的收益，这具体体现在经济效益、社会效益、环境效益、健康效益等方面。但是，不可忽视的是，转基因技术作为一项新兴技术，具有彻底的新颖性和极高的非自然性，由此蕴含着本体论上的不确定性，因此其产业化推广可能会产生不可忽视的风险。例如，由于转基因技术是一种"深"技术，以及具有"强"促逼、"硬"座架特征，其对自然物种是一种"高"干预和"强"控制，由此，转基因作物具有极少的内在本性和极高的人工性。因此，转基因作物释放到环境中与自然环境具有更少的相容性和更高的冲突度，从而也就可能会产生更大的环境风险。而且转基因技术环境风险一旦现实化了，那么随着时间的推移，对环境的伤害不是在减少而是在增大，具有长期性。不仅如此，由于转基因技术环境风险的特殊性和科学知识的有限性，因此，转基因技术环境风险一旦现实化，那么在短期内难以治理，会呈现出不可逆性。

由此可见，转基因技术风险不应该被其收益所遮蔽。所以，尤其对于转基因技术等新兴技术来讲，经济例外论所持有的观点——认为科学能带来经济等方面的回报，因而需要让其享有特殊地位，是不恰当的。"即使科学为自身经济重要性构建了一种政治框架，它也应该抛弃自己的自负和例外论假设。"① 因此，技治主义基于"可靠科学"（sound science）原则，忽略了科学的不确定性，只注重转基因技术的收益而无视其风险的存在，以及未能做出有效的预警，存在严重的不足。

三　转基因技术治理：需要实现两个范式转变

通过上文的分析可知，四种科学例外论——知识论的例外论、社会学的例外论、柏拉图式的例外论和经济例外论都具有失当性，由此，基于科学例

---

① ［美］布鲁斯·宾伯、大卫·H. 古斯顿：《同一种意义上的政治学》，载希拉·贾撒诺夫等《科学技术论手册》，盛晓明等译，北京理工大学出版社 2004 年版，第 436 页。

外论的技治主义这种传统的转基因技术治理路径具有不合理性。如此一来，也就不难理解上一章所指出的：从根本上看，专家系统信任危机导致了转基因技术公信力危机，而从实践层面上讲，技术公信力危机实际上表征着技术治理路径（技术评价和决策机制、政策模式）的信任危机。那么，如何才能解决转基因技术治理的传统理路所存在的问题呢？

针对技治主义面临的挑战：公众对科学专长的认知越来越不一致；科学作为中立性、超脱性领域的神圣光环已经被后学院科学损坏了；后常规科学下技术的不确定性等特征凸显出来了；在复杂的科学问题上公众日益寻求参与和"发声"[1]，技治主义者进行了辩护并提出了自我拯救道路，这主要体现在以下两个方面。

一是在技治主义者看来，公众对科学专长的质疑、公众与专家之间的交流障碍等都是由于公众科学素养不够导致的。因此，他们提出了第一条拯救道路——"更多的传播＝更多的理解＝社会更多地支持科学＝更多的创新＝更多的经济发展"[2]。在他们看来，只需要培育更为"知情"的公众，而技术评估与决策的权力应归属于专家。他们认为，通过告诉公众更多的科学知识和信息，能促使公众认可专家的专长、意见以及价值观和绝对权威。由此，技治主义解决科学与社会之间冲突的基本思路是：改变社会——使社会有更好的教育、更多的理性、更加被规训（disciplined），以便使社会更加与科学共处。[3]

二是在技治主义者看来，专家公共形象的损害，不是整个科学共同体，而是个别专家道德滑坡的产物。对此，他们提出的第二条拯救道路是，通过伦理建设来解决公信力丧失问题。在他们看来，科学共同体有能力自治，通过内在性的伦理教育与规范，可以把科学的独特精神品质融入专家的思想和行为中，从而能保证专家的纯粹性和至善性。

不可否认，加强科学传播，提高公众的转基因技术认知，对于协调技术

[1] Massimiano Bucchi, *Beyond Technocracy：Science，Politics and Citizens*，Berlin：Springer Science + Business Media，2009，p. 73.

[2] Massimiano Bucchi, *Beyond Technocracy：Science，Politics and Citizens*，Berlin：Springer Science + Business Media，2009，p. 12.

[3] Massimiano Bucchi, *Beyond Technocracy：Science，Politics and Citizens*，Berlin：Springer Science + Business Media，2009，p. 17.

与社会、专家与公众的关系是有利的。但是，公众对转基因技术的恐惧、不信任和反对，不能仅仅用蒙昧主义（obscurantism）、反科学主义（anti-scientism）、科学无知（scientific illiteracy）来简单地形容，而不看到问题的根本所在——科学的角色和科学知识生产方式发生了改变以及当代政治内在本质的民主化趋势。[1] 因此，把解决转基因技术的争论和公信力问题，寄希望于仅仅通过基于"缺失模式"的公众理解科学，是不切实际的、缺少合理性的。"技治主义对技术问题这种'传教士般'（missionary）的回应——强化专长和使公众更好地了解科学以接纳科学，具有明显的缺陷。"[2]

同时，需要看到的是，转基因技术专家形象危机不是偶然的、个体化的，而是内在于后学院科学的必然的、整体性的困境。因此，要解决专家在公众心目中的道德价值偏差问题，不能仅仅对科学家个体加强伦理约束，而是需要从后学院科学特征出发寻找良策，建立制度性规范。

因此，技治主义者的自我拯救之路未能击中技治主义的内在性症结，如此也就未能消除公众的疑虑以及走出公信力危机困境。而想从根本上应对转基因技术的不确定性、争论和公信力问题，需要变革传统的技治主义技术治理路径。

欧洲的一个科学家小组对社会广泛存在着反对科学的观点会产生什么影响进行了调查，并得出了一个结论："从转基因技术、干细胞、生殖技术10年来的争论中，我们得到一个教训：在社会反对科学下，技术研究、创新和发展很难取得成功。"[3] 因此，针对当前转基因技术治理的问题提出改进对策，不仅对于转基因技术本身，而且对于诸如基因编辑技术等其他新兴技术的发展，也具有重要意义。

转基因技术治理路径的变革应该走向何方呢？对此，在笔者看来，解决技术治理问题，需要结合转基因技术的本体论特征、转基因技术的"非自然性"特征，以及把其放到科学民主化、后学院科学、后常规科学、后信任社

---

[1] Massimiano Bucchi, *Beyond Technocracy: Science, Politics and Citizens*, Berlin: Springer Science + Business Media, 2009, p. ix.

[2] Massimiano Bucchi, *Beyond Technocracy: Science, Politics and Citizens*, Berlin: Springer Science + Business Media, 2009, p. 5.

[3] Massimiano Bucchi, *Beyond Technocracy: Science, Politics and Citizens*, Berlin: Springer Science + Business Media, 2009, p. 18.

会等视域中去审视，在此基础上提出治理之道。鉴此，笔者认为，转基因技术治理路径的变革，需要进行两个治理范式转变，具体来讲：

第一，推进转基因技术评价和决策范式的转变。不可否认，技治主义在提高技术治理效率和技术决策的科学化水平，具有较大的积极价值，但是正如前面所指出的，其也存在着不可忽视的欠缺。随着科技的发展和应用，出现了一些新情况：诸如转基因技术等新兴技术呈现出了不确定性、复杂性和非共识性等特征；后学院科学的出现，科技共同体开始分化，由纯粹科学家走向了产业科学家、政府科学家等；科学知识的权威性、专家行为的至善性以及科学例外论，受到了公众的质疑，以专家系统为核心的系统信任面临挑战；公众参与、监督科技事务的意识不断增强。由此，在技术治理中，首先需要思考的问题是，知识应该如何生产——哪些知识是技术评估和决策可依赖的知识，技术评估和决策权应该如何分配——哪些人可以进入技术评估和决策层，即应该构建一个怎么样的转基因技术评价和决策机制？

在后常规科学和后学院科学下，技治主义的不足凸显出来了。公众对技治主义技术评估和决策的依赖基础（专家知识的真理性和专家行为的至善性）的可靠性、决策程序的公正性、决策结果的合理性提出了质疑。知识共生机制和协商民主正在对技治主义构成挑战。为了处理好技治主义的专家寡头主导（专家专断）与多元群体参与（协商决定）的冲突与协调，以及封闭决策与开放决策——公众意见表达和专家话语垄断之间的关系，笔者认为，转基因技术评价和决策机制需要进行范式转变，走向一种新的范式——超越技治主义。

超越技治主义需要对技治主义进行一种理性化的批判性分析，从而超过非理性的专家专长，回到专家专长本身，并促使其成为技术治理的一种可能。专家知识的失灵和专家行为的失范，不能遮蔽专家知识的理性价值和专家角色的道德力量。可见，超越技治主义，需要抛弃的是基于科学主义的技治主义——以科学知识作为技术评价的唯一判断标准，把技术评价的权力都赋予科技专家，而无视公众的参与诉求和地方性知识的价值，把他们全部拒之于技术评价和决策门外。但是，现代社会的技术化以及技术的社会化需要专家理性和专家意见，因此，不能抛弃专家，否则会导致技术评估和决策的泛民主化以及过度政治化，从而致使技术治理中丧失理性。因此，超越技治主义，需要做的是重新审视专家专长和专家角色，以重新定位专家专长的价值和专家角色的扮演。

超越技治主义还需要走向"适度"公民科学。转基因技术的后常规科学特征表明应对不确定性需要实现扩大的共同体和扩展的事实；转基因技术的后学院科学特征表明应该建立多元规范；科学知识生产从模式1到模式2的转变要求注重应用性和语境性；技术成为一种社会化的事项后，技术与每一个人的生活息息相关，从而科学民主化趋势开始呈现。这就要求我们重新审视地方性知识和经验性知识的价值。公众参与转基因技术评估、决策，不仅可以回应民主政治的诉求，而且具有知识论层面的重要意义。当然，公民科学不应该被泛化，技术民主不能仅仅理解为把技术评估和决策的权力完全赋予公众以及把技术民主的方式简单地理解为投票，而是公民科学应该有边界，因而走向"适度"公民科学是合适的，如此才能提升转基因技术评价的效率和理性。因此，我们需要清楚，技术评估和决策的合法性涉及两个层次——政治层面的合法性和知识论层面的合法性。所以，不仅是专家，还有公众，谁有资格参与以及应该如何参与转基因技术评价，是一个需要进一步探讨和解决的问题。这就是所谓的技术评价的"广延性问题"。

第二，推进转基因技术产业化政策范式的转变。面对转基因技术所蕴含的高度不确定性，在技术治理中，另一个需要思考的问题是，应该制定一个怎么样的转基因技术产业化政策模式，才能实现负责任的治理，以便更好地应对不确定性。

帕尔伯格研究了相关国家的转基因技术产业化政策后，认为存在四种不同的政策模式：鼓励式的（promotional）、禁止式的（preventive）、允许式的（permissive）、预警式的（precautionary）。[①]

鼓励式的转基因技术产业化政策的政策取向是，加速转基因技术的发展。这种政策模式走向了一个极端，只看到了转基因技术的效益，把该技术看成是推动经济发展的新的增长点，而全然无视其可能存在的风险。因此，在这种政策模式下，对转基因技术基本上不进行安全评价或者只是进行一些象征性的安全评价。

禁止式的转基因技术产业化政策的政策取向是，阻止转基因技术的产业

---

① Robert L. Parlberg, *The Politics of Precaution*: *Genetically Modified Crops in Developing Countries*, Baltimore and London: The Johns Hopkins University Press, 2001, pp. 9 – 10.

转基因技术的哲学审视

化推广。这种政策模式走向了另一个极端，其基于转基因技术的特殊性，就把转基因技术风险都视为不可接受的，因此宁可放弃任何的转基因技术收益，而断然禁止转基因技术的产业化应用。

允许式的转基因技术产业化政策的政策取向是中立的，既不刻意加速，也不刻意减缓转基因技术的产业化推广。这种政策模式的特征：一是认为转基因技术与以往的育种技术并无本质性差异，因而依旧是依靠已经建立的传统的生物安全法规、制度和机构，对转基因技术产品进行管理；二是对转基因技术风险的评价是基于产品本身（product-based），进行个案分析（case-by case），而不会考虑转基因技术过程的特殊性而采取针对性的评价标准和程序；三是对转基因技术风险的评价是基于"可靠科学"原则而不会考虑科学的不确定性，因而认为在当前的科学认识水平和评价方法下没有发现风险就是安全的，而不会顾及转基因技术可能存在的不确定性风险。

预警式的转基因技术产业化政策的政策取向是，谨慎推进转基因技术的产业化。这种政策模式的特征：一是考虑到转基因技术的新颖性而认为转基因技术相比于以往的育种技术具有更多的、新的风险，因而建立了一系列专门针对转基因技术产品的生物安全法规、制度和管理机构；二是对转基因技术的安全评价是基于技术过程（process-based）而不是产品本身，因而制定了特定的评价标准和程序；三是考虑到了科学的不确定性，因此不仅关注已被当前科学证实的风险，而且关注当前科学未能发现的但可能会产生的潜在性风险，并采取预警性措施，防患于未然。

笔者认为，根据转基因技术的本质特征及其风险的特殊性，在转基因技术治理中，转基因技术产业化政策应该实现这样的范式转变：从允许式政策模式转向预警式政策模式，从而全面贯彻预警原则，制定更加完备的预警体系，以便未雨绸缪，更好地应对不确定性风险。至于作为预警式转基因技术产业化政策核心指导理念的预警原则的内涵和价值，预警原则在转基因技术治理中的必要性和可行性，以及在政策实践中如何实施好预警原则和怎样把握预警原则的"执行度"较为恰当等问题，本书第七章将对其进行进一步的思考和分析。

第五章　超越技治主义：重思专家专长和专家角色

不可忽视，当前一定程度上存在着一种反智主义的思潮。一方面，在信息技术时代，公众似乎可以不依赖专家而从网络等渠道获取大量的专业知识；另一方面，在不确定性时代，专家并非永远正确，甚至做出了一些错误的专家判断，导致了可怕的后果。因此，诋毁专业知识、怀疑专家角色、拒绝专家建议等反智主义行为开始盛行。在这样的情况下，"专家"被看成了"砖家"，专家与外行成了无差异性的存在群体，似乎已经"专家之死"了。此种反智主义的思想是需要批判的，因为"不仅仅是抵制现有的知识体系，从根本上来说，是抵制科学与客观理性，而这两者恰恰是现代文明的基础"①。

的确，正如前一章所指出的，面对转基因技术的后常规科学特征和后学院科学特征，技治主义技术治理路径存在着认识论上的、价值论上的以及实践层面的缺陷，对此，需要推进转基因技术评价和决策机制范式的转变，其中一个重要路径是超越技治主义。但是，我们必须清醒地认识到，现在的世界是一个技术的世界，当前的时代是一个技术时代。因此，超越技治主义并不是要彻底否定专家专长和专家角色的理性价值和道德力量，"这并不意味着要放弃科学专长（scientific expertise），因为没有科学专长，今天的政治和公众辩论本身将会变得不可思议"②，而是需要重新审视专长、专家专长和专家角色。信任哪些专家？信任专家的什么？如何彰显专家专长的理性价值？如何使得专家角色变得更具合理性？这些问题值得我们进一步探讨。

---

① ［美］托马斯·尼科尔斯：《专家之死：反智主义的盛行及其影响》，舒琦译，中信出版社2019年版，第6页。

② Massimiano Bucchi, *Beyond Technocracy: Science, Politics and Citizens*, Berlin: Springer Science + Business Media, 2009, p. 89.

一 重新审视专长，合理发挥专家专长的作用

（一）专长的分类

何谓专长？何谓专家？这需要给出界定。专长（expertise）表征的是解决某一具体问题或现象所具有的特定性知识和能力。柯林斯等认为，专长的产生是基于经验。① 这种经验可能是源于科学观察或实验的科学实践，也可能是源于日常生活的实践活动。因而"专长可以扩展到公众领域"②，由此，专长可以分为科学专长和地方性/公众专长（local /public expertise），"地方性知识也是一种专长，因为当地人对当地环境有着长期的经验"③。

根据柯林斯等专长分类思想，科学专长可以进一步分为三类。一是啤酒杯垫式的知识（beer-mat knowledge）。④ 这类科学知识难度较低，对于公众来讲不难理解其含义。而且，公众对这类科学知识的理解是一种表面化的认识，即当公众面对这类科学知识时，尽管不了解其背后的原因，但是能明白其表达了什么信息。这就好比公众看到像写在啤酒杯垫上的提示这样的文字时，就能明白它所要表达的基本内容的知识。⑤ 因此，这类科学专长具有普遍性专长的特性，是一般公众能直接掌握的。二是科学的通俗理解（popular understanding of science）。⑥ "'与啤酒杯垫式知识'相比，'科学的通俗理解'涉及对科学信息含义更为深刻的理解。"⑦ 例如，根据"抗生素不能治愈病毒性疾病、流感是病毒性疾病"这些科学知识，能够进一步得出"抗生素不能治愈

---

① Harry Collins and Robert Evans，"The Third Wave of Science Studies：Studies of Expertise and Experience"，*Social Studies of Science*，Vol. 32，No. 2，2002.

② Harry Collins and Robert Evans，"The Third Wave of Science Studies：Studies of Expertise and Experience"，*Social Studies of Science*，Vol. 32，No. 2，2002.

③ Harry Collins and Robert Evans，"The Third Wave of Science Studies：Studies of Expertise and Experience"，*Social Studies of Science*，Vol. 32，No. 2，2002.

④ Harry Collins and Robert Evans，*Rethinking Expertise*，Chicago：The University of Chicago Press，2007，p. 18.

⑤ 陈强强：《公众参与科学中互动专长论的引入》，《自然辩证法研究》2018 年第 5 期。

⑥ Harry Collins and Robert Evans，*Rethinking Expertise*，Chicago：The University of Chicago Press，2007，p. 19.

⑦ Harry Collins and Robert Evans，*Rethinking Expertise*，Chicago：The University of Chicago Press，2007，p. 20.

流感"这一推论。尽管这类科学知识比啤酒杯垫式知识显得更为深奥，但是公众可以通过大众媒体或阅读书籍能够理解它们。因此，这类科学专长介于普遍性专长与特定性专长之间，公众通过一定的学习能够掌握。三是主渠道知识（primary source knowledge）①。这类科学知识体现的是对科学问题的深度理解，需要通过阅读专业性的文献或进行专业性的科学实践才能获得。这类科学专长属于特定性专长，具有独特性价值，公众是不能掌握的，只有那些经过了专业训练和进入专业领域的人，即所谓的专家才能拥有的。"一旦你拥有了此种类型的专长就意味着你已经开始进入专业领域了。"②

因此，我们讲的专家专长实际上指的是以上所阐述的第三类科学专长。而且，在这里以及一般语境下，专家往往指的是具有第三类科学专长的那类人——科学专家（scientific expert）。"专家之所以为'专家'，关键并不在于拥有低层级的专长，而是已经具备了需要通过实践获得高层级的专长。"③

（二）专家专长的理性价值

科学的社会研究的第一波为科学辩护，强调科学理性至上性，"旨在理解、解释和有效地强化科学的成功，而不是质疑其基础。那时的科学被看作是深奥的、权威的"④。由此，认为把技术治理权交给专家是合理的。但是，随着科学向后常规科学和后学院科学的转变，专家专长的失灵和专家行为的失范，导致了科学与社会、专家与公众的冲突。始于 20 世纪 70 年代科学的社会研究的第二波——科学知识社会学（SSK）则走向了另一个方向，认为科学知识生产由于存在非科学因素的介入而具有社会建构性，其最大贡献是，打开了科学的"黑箱"，揭示了科学不是自然本质的镜像，科学不等同于绝对真理和理性。⑤ 对此，SSK 提出通过加强公众参与来解决技术治理的合法性问

① Harry Collins and Robert Evans, *Rethinking Expertise*, Chicago：The University of Chicago Press, 2007, p. 22

② 张帆：《"科学研究的第三次浪潮"就要来了？——论哈里·柯林斯的专长规范理论》，《科学技术哲学研究》2015 年第 3 期。

③ 张帆：《"科学研究的第三次浪潮"就要来了？——论哈里·柯林斯的专长规范理论》，《科学技术哲学研究》2015 年第 3 期。

④ Harry Collins and Robert Evans, "The Third Wave of Science Studies：Studies of Expertise and Experience", *Social Studies of Science*, Vol. 32, No. 2, 2002.

⑤ Harry Collins and Robert Evans, "The Third Wave of Science Studies：Studies of Expertise and Experience", *Social Studies of Science*, Vol. 32, No. 2, 2002.

题（the problem of legitimacy），"认为必须引入'超科学因素'（extra-scientific factors）来终结科学、技术的争论"①。可见，SSK 主要是在解构知识：质疑科学知识的真理性和专家的可靠性。但是，SSK 走向了一种极端，消除了科学知识与非科学知识、专家与公众的差异性，并进而走向了一种相对主义。对此，柯林斯等做出了回应：科学知识社会学对"相信科学家是因为他们更接近真理"提出了质疑，而我们的问题是，如果不再能确定科学家和技术专家是否真的更接近真理，那么为什么他们的意见具有特殊价值呢?② 为此，他们认为仅仅解构知识是不够的，还需要重构知识，开展专长和经验研究（studies of expertise and experience），并在基础上建构"专长规范理论"（normative theory of expertise）。"我们需要用知识和专长作为分析者的范畴（analysts' categories）去发展一种'知识科学'（knowledge science）。"③ 这就需要重新审度专长、专家专长、地方性专长以及专家和公众的角色，抛弃科学主义、专家主义，同时也要走出相对主义。

科学的社会研究的第三波（SEE）强调专长作为分析者范畴（analyst's category）和行动者范畴（actor's category）的作用，以及其在公共领域中扮演的规定性（prescriptive）角色而不仅仅是描述性（descriptive）角色。④ 可见，SEE 旨在把关注的重点从知识的真理性探讨转向了专长的价值论分析，认为专家及其专长在技术评价中应该扮演应有的角色。柯林斯等称其为"专家的回归"（expert's regress）⑤。

关于转基因技术的基因转移过程是否会出现基因沉默以及可能会导致什么样的不确定性影响，转基因作物产业化种植是否会出现基因漂移，后者可能会对生态环境带来什么样的风险，转基因食品进入人类的食物链是否会产生毒性、过敏性，以及由此会对人体健康带来什么样的伤害等问题的研究和

---

① Harry Collins and Robert Evans, "The Third Wave of Science Studies: Studies of Expertise and Experience", *Social Studies of Science*, Vol. 32, No. 2, 2002.

② Harry Collins and Robert Evans, "The Third Wave of Science Studies: Studies of Expertise and Experience", *Social Studies of Science*, Vol. 32, No. 2, 2002.

③ Harry Collins and Robert Evans, "The Third Wave of Science Studies: Studies of Expertise and Experience", *Social Studies of Science*, Vol. 32, No. 2, 2002.

④ Harry Collins and Robert Evans, "The Third Wave of Science Studies: Studies of Expertise and Experience", *Social Studies of Science*, Vol. 32, No. 2, 2002.

⑤ Harry Collins and Robert Evans, "The Third Wave of Science Studies: Studies of Expertise and Experience", *Social Studies of Science*, Vol. 32, No. 2, 2002.

评价，涉及分子生物学、生态学、营养学、食品科学等学科的专业性知识。因此，作为"深"技术的转基因技术的安全性问题的评价首先需要依靠专家专长，尽管地方性知识也是有价值的。所以，SSK 走得太远，过分低估了专家专长在新兴技术风险治理中的特殊价值，而 SEE 的观点是正确的："柯林斯认可专家知识在认识论方面的特殊性。'认识论限制'正是柯林斯纠偏科学的社会研究的第二波时最为重要的武器。"[①] 的确，在转基因技术风险的评价和治理中，"专家的回归"是必要的。柯林斯等指出，采纳专家意见的理由是，他们的知识和经验不同于其他人的知识和经验的价值。[②] 因此，在技术时代，我们必须要看到专家专长在技术风险治理中的独特性和不可替代性，由此，必须要合理彰显专家专长的理性价值。

（三）扩大核心层与可贡献型专长

在转基因技术风险评价和治理中如何才能更好地发挥专家专长的理性价值呢？这是需要进一步思考的关键问题。

SSK 试图通过扩大参与者（例如强调公众参与及其专长的价值），来解决科学知识生产和技术治理的合法性问题。但是，与 SSK 不同，SEE 认为在技术治理中不解决广延性问题（the problem of extension），则无法真正实现合法性问题。这种观点具有合理性。不可否认，面对诸如转基因技术等新兴技术的高度不确定性、复杂性和多元化，在具体的风险评价和治理中，我们需要引入"他者"。但是，问题是，这里的"他者"是否有边界？以及"他者"如何参与其中？如果这两个问题不解决，那么盲目地推进参与群体的广泛性，结果将不利于科学知识的生产、技术风险的治理。因为合法性问题实际上涉及两个方面：政治合法性（参与的广泛性）和知识论合法性（知识的真理性）。所以，SSK 没有真正解决技术治理的合法性问题，因为他们忽视了知识论层面的合法性。

需要注意的是，广延性问题不仅涉及专家群体之外的公众参与边界问题，而且也涉及专家群体之内的参与边界问题。在传统的专家治理中，技术风险评价的决策权在"核心层"，"核心层是由那些参与直接影响科学争论的实验

---

① 陈强强：《专长研究：公众参与设限与信任关系重建》，《科学学研究》2019 年第 12 期。

② Harry Collins and Robert Evans，"The Third Wave of Science Studies：Studies of Expertise and Experience"，*Social Studies of Science*，Vol. 32，No. 2，2002.

和理论建构的科学家组成的"[1]。例如，转基因生物安全的评价权集中在国家农业转基因生物安全委员会。但是，面对风险社会的不确定性困境，专家专长面临着知识性失灵，因此，在转基因技术治理中，应该要走出权威型专家模式，走向民主化专家模式，即核心层之外的相关专业人士的知识和掌握的事实的价值需要得到重视。对此，这就需要引入"他者"——传统核心层之外的专家群体，以扩大核心层，从而解决知识论层面的合法性。因此，在具体的转基因技术风险评价和决策中，强调"专家的回归"，不能简单地认为要把技术治理权交给专家，而是需要进一步追问：哪些专家回归，如何回归？我们既要反对专家专断主义，又要反对泛专家主义。如此，在转基因技术治理中才能真正彰显专家专长的理性价值。

"SEE 的目的旨在解决谁应该、谁不应该参与决策是基于他们的专长这个问题。"[2] 这就表明，应该信任哪些专家与技术情境有关，也与专家的语境型专长有关。因此，扩大转基因技术治理的专家共同体，不应该盲目地追求广泛性，而应该是有边界的。专家参与转基因技术治理的条件是具有相关性专长——源于科学经验/事实的知识和技能。也就是说，引入的应该是这样的"他者"——直接参与转基因技术研究并具有对转基因技术本质性认识的分子生物学家、直接参与转基因技术环境影响研究并具有相关环境风险知识的生态学家、直接参与转基因技术健康影响研究并具有相关健康风险认知的食品与营养学家等。不及如此，这些相关性专长还应该具有可贡献型专长（contributory expertise）的属性——"可贡献型专长意味着有足够的专长对被分析领域的科学的发展做出贡献。"[3] 如此一来，通过相对较为广泛但有边界的专家参与，即引入这些拥有与具体技术问题或风险有关的可贡献型专长的专家，以扩大专家系统的核心层（实现"扩展的共同体"），从而才能带来真正有价值的"扩展的事实"，并进而可以解决专家治理中的知识有限性困境和实现"知识论层面的合法性"。在科学实践一线的专家掌握着更多第一手的、及时

---

① Harry Collins and Robert Evans，"The Third Wave of Science Studies：Studies of Expertise and Experience"，*Social Studies of Science*，Vol. 32，No. 2，2002.

② Harry Collins and Robert Evans，"The Third Wave of Science Studies：Studies of Expertise and Experience"，*Social Studies of Science*，Vol. 32，No. 2，2002.

③ Harry Collins and Robert Evans，"The Third Wave of Science Studies：Studies of Expertise and Experience"，*Social Studies of Science*，Vol. 32，No. 2，2002.

的、新的事实，他们能加入核心层，他们的观点和知识能得到重视和采纳，则必将利于应对不确定风险和做出正确的专家判断。因此，在转基因技术治理中，只有解决了专家参与的广延性问题，才能利于真正实现技术治理的合法性。

（四）互动型专长的作用

在转基因技术的安全评价上，公众对专家判断存在较大的不信任。这固然与在转基因技术风险评价中，后常规科学下的专家专长失灵和后学院科学下的专家行为失范有关，同时也与公众与专家之间缺少沟通和误解有关。不难理解，实际上反智主义的出现和盛行，也与公众对专家的偏见有关。但是，在技术时代和技术世界中，尽管专家专长存在欠缺，但是人类的技术选择和人类生活的良序运行，离不开专家专长。因此，我们不仅要正确地看待专家专长的理性价值，而且应该促使专家专长的理性价值能更好地凸显出来。正如前文指出，需要扩大核心层，以实现扩展的共同体，带来扩展的事实，以使得专家专长真正成为可贡献型专长，那么除此之外，还有其他举措吗？

对此，柯林斯等提出了互动型专长（interactional expertise）的概念，并认为要积极发挥这种专长的作用。互动型专长意味着有足够的专长与参与者进行互动并开展社会分析。[①] 可见，互动型专长是一种具有互动型胜任能力（interactional competence）的专长。互动型专长是沟通专家与公众、专家专长与公众专长的桥梁。掌握了互动型专长的专家可以更好地向公众传播科学知识，增进公众对专家和专家专长的了解和信任。如此一来，公众和专家就不再是存在于两个平行的世界中，而是存在于一个相互协作、支持和认同的共同世界中。这样就可以减少两者的知识鸿沟和价值差异。因此，互动型专长在建构信任体系上具有助推作用，而公众对专家的信任利于公众正确地看待专家专长的理性价值。

不及如此，互动型专长的充分运用，也利于知识生产，从而促进专家专长理性价值的呈现。尽管在很多情况下，专家专长与公众专长同时存在并可以作为可贡献型专长而共同促进知识的生产，但是两者又往往缺少认同

---

① Harry Collins and Robert Evans, "The Third Wave of Science Studies: Studies of Expertise and Experience", *Social Studies of Science*, Vol. 32, No. 2, 2002.

性。例如，放射学家不会认同坎布里亚牧羊人的观点，他们也不会把牧羊人看作专家。① 而互动型专长的拥有和展现，专家与公众在平等的互动中，两者可以相互尊重、相互理解和吸纳各自的专长，并进行合作（共存和互补）以形成知识的共生机制，促使专家专长和公众专长的价值凸显并真正成为可贡献型专长，从而推进知识生产和技术风险治理。可见，专家对互动型专长的掌握和运用，利于协调科学与社会的关系，利于专家专长的理性价值的彰显，因此，这样的专长应该成为专家的一种必备能力。

二 重新定位专家角色：政策选择的诚实代理人

前文已经指出，在转基因技术治理中，专家专长的理性价值是一种具有不可替代性的资源。拥有专家专长的专家在涉及有关转基因技术评价和决策中的价值不可忽视，需要促使其发挥出更为积极的作用。那么，专家应该扮演什么样的角色更为恰当呢？即才能更好地促进转基因技术治理的理性化呢？

对此，首先需要理清的是，专家在技术治理中的角色分类。美国科学技术政治学家皮尔克认为存在两种民主政治观，一是麦迪逊式民主政治观：专家们把他们特殊的专家意见作为政治博弈的一种资源，同时他们在政治争论中也发挥着更为主动的作用，并积极为他们的意见的权威性辩护；二是谢茨施耐德式民主政治观：公众可以参与到政治过程中，并可以对提供给他们的可选方案发表意见，这些方案来自专家，同时专家对这些方案做出解释以供各方参与者在各种可能性中做出选择。在皮尔克看来，还存在两种科学观，一是科学的线性模式：强调让专家应从政治责任中摆脱出来，但认为科学知识在特定决策环境中具有特殊的指导作用，科学知识方面的共识是政治上达成共识并产生政策行动的先决条件；二是科学的利益相关者模式：不仅坚持科学的使用者应该在科学知识生产中发挥某种作用以及科学知识本身对技术决策具有积极价值，而且强调在具体的技术决策中如何运用科学知识是构成决策有效性的一个重要方面。

皮尔克认为，科学家（专家）持有的科学观和民主政治观决定了其在决

---

① Harry Collins and Robert Evans, "The Third Wave of Science Studies: Studies of Expertise and Experience", *Social Studies of Science*, Vol. 32, No. 2, 2002.

策中以什么样的身份出现。他正是从科学在社会中的角色和专家在民主政治中的角色两个维度，对参与到技术决策中的科学家角色进行了分类和特征解析。在他看来，存在四种理想化的科学家角色：纯粹的科学家（pure scientist）、科学仲裁者（science arbiter）、观点的辩护者（issue advocate）、政策选择的诚实代理人（honest broker of policy alternatives），具体参见表5-1①。

表5-1　科学家在决策中的四种理想化的角色

		科学观	
		线性模式	利益相关者模式
民主观	麦迪逊	纯粹的科学家	观点的辩护者
	谢茨施耐德	科学仲裁者	政策选择的诚实代理人

由此，根据皮尔克的分析思路，这四种科学家角色的内涵和特征具体表现为：纯粹的科学家对技术决策本身没有兴趣，他们不会参与具体的决策过程以及不会提供科学判断，他们只是分享一些关于科学的基本信息；科学仲裁者与纯粹的科学家一样，并不与利益相关者产生直接的联系。但是，他们与决策者有一定的互动，考虑到决策者会需要针对一些特定问题的专家判断，因此他们会随时准备回答决策者所提出的各种实际问题，"这样的问题被送给科学家们加以裁决，这些科学家可能是一个专门评估小组或咨询委员会的成员，这种评估小组或咨询委员会作出判断并把科学的结论、评估结果或发现反馈给决策者"②，不过，他们只是对决策者提出的问题给予解释而不会告诉决策者应该更偏向哪种选择；观点的辩护者与纯粹的科学家不同，他们直接参与到了技术决策中，而且与科学仲裁者也不同，他们寻求与利益集团的联姻，这类科学家通过提出某种政策选择为何优于其他的理由，试图说服决策者去选择一个特定的政策；政策选择的诚实代理人与观点的辩护者一样，都参与到了具体的技术决策中，而且也明确地寻求科学知识与利益相关者的问题相结合。但是与后者不同的是，这类科学家向决策者提供可供选择的所有

---

① ［美］小罗杰·皮尔克：《诚实的代理人——科学在政策与政治中的意义》，李正风、缪航译，上海交通大学出版社2010年版，第11页。

② ［美］小罗杰·皮尔克：《诚实的代理人——科学在政策与政治中的意义》，李正风、缪航译，上海交通大学出版社2010年版，第16页。

政策方案，并指出每一种政策方案的基本情况，他们力图把对科学的理解置于一种政策选项的自助式环境中，然后让决策者根据自己的偏好和价值观对这些可能的方案进行选择，"判断一个思考政策选择的诚实代理人与观点的辩护者之间关键差异的简单方法是，后者努力缩小可用的选择范围，前者则努力扩展（或至少澄清）选择的范围"①。

那么，为了促进技术治理的有效性，科学家在具体的技术治理中应该如何进行角色选择呢？皮尔克认为，科学家在实际的决策中应该扮演什么样的角色与具体的决策情境紧密相关，具体来讲，需要考虑两个关键性因素：一是针对特定议题形成的价值共识的程度；二是在特定的决策情境中所呈现的不确定性的程度。决策情境与科学家角色扮演之间的内在关联性，参见图 5-1。②由此图可以看出，当决策情境是以低不确定性和高价值共识性为特征时，纯粹的科学家和科学仲裁者可能是科学家较为合理的角色选择；而当决策情境以高不确定性和低价值共识性为特征时，观点的辩护者和政策选择的诚实代理人可能是科学家应该扮演的恰当角色。

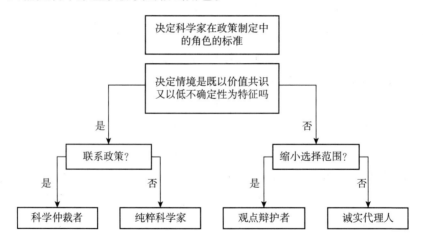

图 5-1　科学家在政策制定中的角色内在关系流程图

在转基因技术治理中，科学家应该扮演什么样的角色，才能对技术治理的合理性做出更大的贡献呢？这就需要基于转基因技术的特殊性和转基因技

---

① ［美］小罗杰·皮尔克：《诚实的代理人——科学在政策与政治中的意义》，李正风、缪航译，上海交通大学出版社 2010 年版，第 17 页。

② ［美］小罗杰·皮尔克：《诚实的代理人——科学在政策与政治中的意义》，李正风、缪航译，上海交通大学出版社 2010 年版，第 18 页。

术决策情境以及当今专家的特征等，来分析和重新定位科学家在转基因技术决策中的角色扮演。

从理论上讲，在低不确定性和高价值共识性的决策情境中，科学知识能对科学问题给出确定性的答案，有关技术问题的决策也不存在较大的争议。在这样的情况下，科学家并不需要直接参与到技术决策中，而是作为科学信息的提供者或科学顾问的身份出现在决策环节中，对决策的有效性来讲已经足够了。因此，在此种决策情境中，纯粹的科学家或科学仲裁者这两种科学家角色是合理的。

但是，对于具体的转基因技术治理实践来讲，科学家以纯粹的科学家或科学仲裁者身份出现在评价和决策中具有不合理性。这是因为，一方面，与纯粹的科学家或科学仲裁者角色内在的缺陷有关。首先，对于纯粹的科学家这种角色来讲。当今的科学研究不再是自娱自乐的事业，不可能进行一种纯粹的研究而不需要任何的社会支持，相反，科学的发展需要公共政策的支持。同时，科学的应用对人类生活、生产和社会运行产生着深远的影响，由此，如果科学家远离有关科学发展的决策，成为一名完全的旁观者，那么其就没有履行好应负的社会责任以及没有发挥好所拥有的专长的理性价值。因此，在现实中只关乎自己的纯粹性研究和成果发表的科学家几乎不存在，"纯粹的科学家的例子能够在神话中而不是在现实中经常地被发现"①。其次，对于科学仲裁者这种科学家角色来讲，作为身处于后学院科学时代的科学家们，不可能完全祛私利性而与利益相关者不产生任何联系，也难以保持科学与政治的分离，因此他们对决策者提出的一些相关科学问题的回答不可能完全站在科学事实基础上而做出专家判断，存在立场的中立性失灵的可能性。因此，尽管科学仲裁者的显著特征是，只是针对决策者推出的科学问题给出说明或解释，而不会为此进行辩护以及给出建议性的选择。但是，"成功地裁决实证的科学问题充满着参与观点辩护的动机，因此在实践上是一个难以履行的角色"②。所以，在后学院科学时代，往往存在这样一种情况，从表面上看科学家是作为科学仲裁者角色出现在技术决策中，但是实际上他们往往会有意识

① ［美］小罗杰·皮尔克：《诚实的代理人——科学在政策与政治中的意义》，李正风、缪航译，上海交通大学出版社2010年版，第14页。
② ［美］小罗杰·皮尔克：《诚实的代理人——科学在政策与政治中的意义》，李正风、缪航译，上海交通大学出版社2010年版，第16页。

131

或无意识地变成"秘密的观点辩护者"。"当科学家声称要'仅仅关注科学'时，在许多情况下科学家却冒着充当了一个秘密的观点辩护者的风险。"① 这是在转基因技术治理中最需要谨防和杜绝的。

另一方面，也与转基因技术的具体决策情境有关。在常规科学范式下，科学仲裁者角色具有一定的合理性。因为科学家们在可靠科学下，可以为决策者提供确定性的科学咨询服务，当好科学顾问的角色。但是，转基因技术决策具有后常规科学范式特征。转基因技术决策面临的一个重要情境是"高不确定性"——技术本身的不确定性，技术认识的不确定性，技术应用影响的不确定性。在这样的情况下，科学家对转基因技术的安全性等现实问题难以给出确定性的结论，存在知识的专业性失灵。如此，科学家们对于转基因技术的有关科学问题未能给出绝对可靠的科学信息和科学判断供决策者参考，因此，也就未能成为真正的"科学仲裁者"。

转基因技术决策的另一个重要情境是"低价值共识性"——存在着多元利益分化的局面，不同的利益主体对于转基因技术的产业化具有不同的利益诉求，对其产生的效能具有不同的价值判断，远没有达成一致性共识。因此，面对转基因技术决策的高不确定性和低价值共识性决策情境，原来只是作为技术决策的科学顾问（仅仅充当科学信息咨询作用）的科学家们应该直接参与到有关决策中来，成为政策的制定者。因此，根据皮尔克的科学家角色分类理论，科学家在转基因技术治理中应该扮演的较为合理的角色要么是观点的辩护者，要么是政策选择的诚实代理人。

而具体考察我国转基因技术治理的现状，我们发现目前大多数科学家宁愿或者说更多的是在扮演观点的辩护者。那么，这种科学家角色的合理性如何呢？此种角色本身并无不妥，因为科学家根据自己所掌握的专业性知识和判断，为自己所认为的正确的政策选择进行辩护，以便决策者采纳，如此，他们以一种直接的方式介入技术决策，其所具有的专家专长的理性价值就能凸显出来。而问题的关键是，观点辩护者是基于什么样的依据进行辩护以及为了谁的利益进行辩护？作为观点辩护者出场的科学家，如果能站在科学事实的基础上为恰当的转基因技术发展政策辩护，将有利于转基因技术的演进

---

① ［美］小罗杰·皮尔克：《诚实的代理人——科学在政策与政治中的意义》，李正风、缪航译，上海交通大学出版社 2010 年版，第 7 页。

及其产业化发展；如果能站在一种公正的立场上，为社会正义辩护，就有利于维护好公众的公共利益。"我们不仅需要有政府科学家、产业科学家，还要代表人民利益的科学家——人民科学家。"①

但是，进一步考察发现，在转基因技术治理中科学家以观点的辩护者的角色出现时，并没有真正发挥出科学和科学家在存在竞争性利益的复杂性技术决策中本有的理性作用。究其原因：

其一，作为后学院科学家的观点的辩护者具有多种身份，不仅是传统意义上的科学家，还是产业科学家、政府科学家。由此，他们与科学仲裁者一样，难以与政治分野，难以祛私利性，具有明显的经济人属性。对此，我们需要注意的是，观点的辩护者的价值判断与事实判断能否真正分割？他们是在为谁辩护，为公众还是为利益集团？

其二，在存在竞争利益的复杂性技术决策中，有关利益方为了做出有利于自身的决策，都期望科学能为自己的主张"站台"以及得到科学家的支持。在转基因技术决策中，生物技术公司都往往会去"俘获"科学家，通过科学家的言论——转基因技术产品是安全的、转基因技术可以改进农产品品质以提升农业竞争力等，试图来压制对转基因技术的争论和反对。"科学愈益被简单地看作增强社会中的集团在追求其特殊利益时讨价还价、谈判和妥协能力的一种资源。"② 此时的专家已就被"'符号化'和'空洞化'了"③，由此，他们也就丧失了独立性、中立性和客观性。"专家可能因为各种利益考虑而对咨询意见进行扭曲。专家不仅可为自己的（研究）利益代言，也可成为利益集团的代言人。"④ 因此，科学家在扮演观点的辩护者角色时，很难真正为科学本身的价值和为公众的利益辩护。所以，在转基因技术治理中，科学家作为观点的辩护者角色是不合适的。

可见，在转基因技术治理中，一方面由于后常规科学下科学家的专家专长具有有限性；另一方面由于后学院科学下科学家行为具有非价值无涉性，

---

① 肖显静：《核电站决策中的科技专家：技治主义还是诚实代理人?》，《山东科技大学学报》（社会科学版）2011 年第 4 期。

② ［美］小罗杰·皮尔克：《诚实的代理人——科学在政策与政治中的意义》，李正风、缪航译，上海交通大学出版社 2010 年版，第 10 页。

③ 肖显静：《核电站决策中的科技专家：技治主义还是诚实代理人?》，《山东科技大学学报》（社会科学版）2011 年第 4 期。

④ 陈光等：《专家在科技咨询中的角色演变》，《科学学研究》2008 年第 2 期。

因此，如果科学家以科学仲裁者或者观点的辩护者的角色参与决策过程，那么科学家在不确定性技术决策中应有的价值没有真正发挥出来而是被遮蔽了。对此，贾萨诺夫提出了这样一个问题："如果政策制定所依据的科学总是掺杂着价值的因素，那么在职业属性上被认为需保持中立的科学家应该在政治决策中扮演什么样的角色呢？"①

史密斯（Bruce Smith）指出："科学顾问所面临的窘境是，他们受邀在某一情境中发挥作用，但他们具备的传统技能却不适宜或者至少是不太适用于其试图完成的困难而模糊的任务。他们需要将政策议题所涉及的纯技术方面的内容，融入到一个更大、更复杂并需要作出价值判断的整体情境中，而对此并没有准确的答案。"② 对于诸如转基因技术等新兴技术的决策更是如此。转基因技术决策情境的高不确定性和低价值共识性，决定了决策方案应该具有可选性、多样性而不是唯一性，决定了决策方案不应该是由专断来选择而是由协商来选择。那么，科学家应该以什么样的身份出现在转基因技术决策中以及应该发挥什么样的作用呢？

面对转基因技术的高不确定性和低非共识性，科学家们应该寻求扩展而不是缩小可供选择的可能性方案，以及应该努力澄清或阐明有关政策方案的可能后果而不应该去为某一政策方案的合理性进行论证或辩护。因此，在转基因技术决策中科学家更多地应该扮演好政策选择的诚实代理人这种角色最为合适。

"政策选择的诚实代理人不是简单地寻求把科学成果更好地'传达'给政策制定者，或者主张某一个'最好的'行动方案，而是要提高将科学纳入政策情境的能力。"③ 在转基因技术决策中，科学家的作用不应该是给出确定性的判断和选择，而是应该对可能的不确定性进行描述并给出各种可能的选择方案，供各方参与者协商和抉择，从而为消除不确定性和达成共识提供一种可能性。"政策选择的诚实代理人至关重要，因为对在社会中的科学来说，一个强有力的作用是推动创造新的和创新的政策选择。"④ 而在面对具有高度不

① ［美］希拉·贾萨诺夫：《第五部门：当科学顾问成为政策制定者》，陈光译，上海交通大学出版社 2011 年版，第 8 页。
② ［美］布鲁斯·史密斯：《科学顾问：政策过程中的科学家》，温珂等译，上海交通大学出版社 2010 年版，第 254 页。
③ 尹雪慧、李正风：《科学家在决策中的角色选择》，《自然辩证法通讯》2012 年第 4 期。
④ ［美］小罗杰·皮尔克：《诚实的代理人——科学在政策与政治中的意义》，李正风、缪航译，上海交通大学出版社 2010 年版，第 9 页。

确定性和低价值共识性的转基因技术决策中，如果试图通过科学家的科学仲裁来消除不确定性，达成决策的共识，那么不仅不利于应对不确定性，而且也难以打破决策僵局和达成共识，甚至会损害作为重要决策资源的科学的本身价值。

由此可见，科学家以政策选择的诚实代理人身份进入转基因技术治理中时，他们不再是"真理的代言人""科学的仲裁者"和"科学顾问"，而是"技术决策的参与者"。作为政策选择的诚实代理人角色的科学家，才能促使科学成为一种在涉及不确定性、多元性和复杂性的技术决策中的关键资源。在一些具体的技术决策案例中，正是由于缺少政策选择的诚实代理人这种科学家角色而使得决策产生错误而导致严重的损害性后果。因此，科学家扮演的政策选择的诚实代理人角色对于彰显专家专长的理性价值，以应对转基因技术的不确定性，以及制定利于促进转基因技术良序发展和维护公众利益的技术政策，是至关重要的。

三 专家充权与伦理规范

在转基因技术治理中，一方面需要促使专家扮演好政策选择的诚实代理人角色，以合理发挥专家专长的理性价值；另一方面由于在后学院科学时代，科学与社会的不可分离性以及科学家的经济人属性，因此即使科学家以政策选择的诚实代理人身份出现在技术评价和决策过程中，其独立性、无私利性和可靠性依旧会面临一定的挑战。对此，笔者认为：

第一，需要给专家充权，保证专家行为的自主性。必须清楚地看到，在后学院科学时代，科学家具有多重身份。作为政府科学家的身份出现时，他们会受到权力的影响。科学家一旦屈从于权力，那么科学家内在的科学气质及其专家专长的理性价值就会丧失。"科学家开始剪裁他们的科学成果以适应政治需要之时，科学将不再是科学而是完全沦为政治的变种。"[①] 作为产业科学家身份出现时，他们会受到经济利益的诱惑，极易与生物技术公司形成利益共同体。如此一来，专家作为政策选择的诚实代理人角色在转基因技术治

---

① ［美］小罗杰·皮尔克：《诚实的代理人——科学在政策与政治中的意义》，李正风、缪航译，上海交通大学出版社 2010 年版，第 11 页。

理实践中,就可能会产生身份偏差,他们难以真正基于科学事实为公众利益而提出各种可选方案。为此,就要进行制度重构,建立一种良性的制度安排——改变专家在转基因技术治理上的体制性依附机制,给专家充权,以促使他们以一种独立的地位、价值中立的态度参与到评价与决策中来。如果专家不再依附于政府机构和产业体系,那么他们才能真正走出"知识—权力—资本"联姻机制,"当科学家和决策者停留在把科学作为利益集团政治的奴仆时,科学服务于公共利益就要受到威胁"①。因此,只有当专家以一种自主的姿态作为政策选择的诚实代理人参与到转基因技术治理中时,他们的专家专长才能去政治化、去功利化,不成为实现政治的、经济的利益的工具,从而才能真正发挥出专家专长的理性价值和专家角色的本有作用,如此,专家才能真正站在科学事实的基础上,为了维护公共利益而尽可能地提出各种可选的、理性的政策方案。

第二,需要加强专家伦理规范,促使专家行为的"善"。为了促使专家在转基因技术治理中更好地扮演政策选择的诚实代理人,保证其科学知识表达和使用的"真"和"善",以及保证专家系统的价值中立性和杜绝专家系统的道德性失灵,从而建立专家系统的可信性并使其发挥出更多的正能量,"即便他是一个后学院科学家,当不同利益冲突时,他也不能置人类最高利益于不顾,做损害其他人利益的事情"②,需要对专家行为形成多元规范——自律与他律相结合,伦理约束与公众监督相结合。

首先,对专家行为的约束,应该建立外在性的伦理规范。科学的发展需要伦理规范,科学家的行为同样需要伦理规范。科学表征的是我们能做什么,伦理告诉的是我们应当做什么。"科学精神与伦理精神从不同的层面蕴涵着人类对其生存本质的探求,在具体的人类实践过程中,二者相互渗透,形成了真理与价值道德相结合的精神,即知识向善的精神,并在真与善之基础上追求世界普遍秩序的和谐之美。"③伦理规范可以为偏离轨道的科学"拉拉正";伦理规范可以止住科学家的一些疯狂行为和非理性行为,使得他们保持科学家应有的内在精神品质。转基因技术不仅是个科学技术的问题,而且还是个

---

① [美]小罗杰·皮尔克:《诚实的代理人——科学在政策与政治中的意义》,李正风、缪航译,上海交通大学出版社2010年版,第10页。
② 吴彤:《都是后学院科学惹的祸吗》,《自然辩证法通讯》2014年第4期。
③ 薛桂波:《科学共同体的伦理精神》,中国社会科学出版社2014年版,第55页。

涉及政治、经济、环境等的社会问题。因此，需要建立相应的伦理规范，其中包括职业伦理规范、科技伦理规范、政治伦理规范、经济伦理规范、环境伦理规范，以约束科学家的行为并促使其在转基因技术治理中能承担起相应的职业伦理责任、科技伦理责任、政治伦理责任、经济伦理责任和环境伦理责任。因为"科技专家伦理责任的缺失必将导致其与其他相关利益群体合谋，做出有损于公众利益的事情"①。例如，对于职业伦理规范来讲，专家在转基因技术治理中负有保持诚实（说真话）的伦理责任。"当'诚实'的伦理规范为科学共同体所普遍秉持并内化为恒久的'精神气质'时，'诚实的代理人'的理想类型才能成为现实。"② 的确，专家作为政策选择的诚实代理人参与决策时，必须要对每一种政策方案中可能涉及的转基因技术风险和转基因技术收益都要如实解释清楚，也就是说，专家应该"以批判性的眼光审视自己在政治过程中的作用，自问是否已尽力为政策发展贡献了有效的知识"③。这也正如贾萨诺夫指出的："皮尔克希望在政策过程中有更多的诚实代理人是正确的。但是，当政策选择的诚实代理人以一种职业的谦卑精神如实地披露自身专长的不确定性和自身所知道的信息的局限性，那么他们将会更好地发挥出专家政策咨询的作用。"④

其次，对专家行为的约束，需要加强外在性的公众监督。学院科学是以专家系统价值中立为原则进行制度设置，相信以默顿规范为内核的科学精神气质可以内在地约束专家行为，从而坚信"科学例外论"——为了提高科技评价以及决策的效率，使得科技免受科技共同体以外的人以非科学方式的干扰，把科技领域与其他社会领域脱离开来，倡导与科学有关的事务交由科技专家自治。但是，科学进入后学院科学范式后，科学与应用、权力、资本等社会因素交织在一起。因而，专家系统可信性存在着制度性缺陷——相信专家的自治而不加以监督。现实的情况是，利益会渗透专家判断，专家失范的可能性很大。因此，"基于约束性传统的精神气质不再是科学共同体赖以维系

---

① 肖显静：《核电站决策中的科技专家：技治主义还是诚实代理人?》，《山东科技大学学报》（社会科学版）2011 年第 4 期。

② 薛桂波：《"诚实的代理人"：科学家在环境决策中的角色定位》，《宁夏社会科学》2013 年第 2 期。

③ ［美］小罗杰·皮尔克：《诚实的代理人——科学在政策与政治中的意义》，李正风、缪航译，上海交通大学出版社 2010 年版，第 139 页。

④ Sheila Jasanoff, "Speaking Honestly to Power", *American Scientists*, Vol. 96, No. 3, 2008.

的基础"①。不仅如此，专家系统可信性还存在着道德预设性缺陷——把专家看成是高尚的人。实际上专家也是一般人，"没有令人满意的证据表明科学家是'从那些具有非同寻常的道德情操的人中吸收而来的'或科学知识的客观性源于'科学家的个人品质'"②。因此，在后学院科学下，科学的纯真年代不复存在，如此，科学也就不再应该享有独特性地位，而具有绝对的自治性；不能完全地、绝对地信奉专家的"神圣性"，而不加以任何的提防和监督，"如果建立在科学家个人的默顿规范无私利性是要求个人修为的一种道德的乌托邦，那么，以公共品知识产品属性为基础的规范要求则可以表达为基于公立要求，要求政府介入、公民介入的对科学家的监督性规范"③。对此就需要建立公众监督机制，一方面是为了"避免决策者滥用、忽视或隐匿科学顾问所提出的专业意见，防止科学家与决策者形成危害公众利益的同谋关系"④；另一方面更重要的是，为了监督专家在参与转基因技术治理中是否能遵守好职业的、政治的、经济的、环境的伦理规范。因为如果相应的伦理规范建立起来了，但是专家没有在实际的技术治理中进行遵守，那么就等于"一纸空文"，发挥不了其应有的规范作用。因此，通过加强公众外在性地对专家伦理责任承担情况的监督，可以促使其在转基因技术治理中遵守好相应的伦理规范，从而有助于约束专家行为。

最后，对专家行为的约束，还需要把伦理/道德原则嵌入专家意识和行为中。不可否认，通过科学家自身的"自律"来约束他们自身的行为，仍然是重要的。但是，在后学院科学时代，科学家的自律面临着挑战。"科学家应该打破'幻觉'，'反观'自己的科学实践活动，自觉意识到政治、经济、舆论的非认知价值因素对科学资本的介入很可能会破坏科学的自律性。"⑤ 对此就需要通过有效的伦理教育等途径，把相关的伦理原则嵌入科学家的技术创新和技术治理活动中，以使科学家在思维场域和科学实践场域中形成一种伦理责任的自省和自觉，从而促使科学家形成一种真正的"自律"以约束和规范其自

---

① 俞鼎、盛晓明：《科学的多元规范何以可能?》，《自然辩证法研究》2019 年第 10 期。

② Steven Shapin, *A Social History of Truth*：*Civility and Science in Seventeenth – Century England*，Chicago and London：The University of Chicago Press，1994，pp. 412 –413.

③ 吴彤：《都是后学院科学惹的祸吗》，《自然辩证法通讯》2014 年第 4 期。

④ 尹雪慧、李正风：《科学家在决策中的角色选择》，《自然辩证法通讯》2012 年第 4 期。

⑤ 蔡仲、刘鹏：《科学、技术与社会》，南京大学出版社 2017 年版，第 115 页。

身的思想和行为。

在需要内嵌于专家意识和行为的伦理/道德规范中，最关键的核心伦理原则是责任伦理。约纳斯（Hans Jonas）认为"责任"与"职责"不同，"职责完全可能存在于一个行为本身之内，而责任指向行为之外，有一个外部关联"①。因此，他指出：一个好的科学家可能受到各种责任的牵制，这些责任超出了他发现真理的本分，牵涉到发现真理在世界上的影响。②

鉴此，在转基因技术的科学实践活动中，责任原则首先应该体现在科学家的研究行为中，以实现负责任的技术创新。"在研究中存在'严格'的内在义务"③，科学家不仅需要根据科学原理，以真理发生的方式和规则制造技术产品，而且需要评估这样的技术产品的社会影响，以杜绝可能对公众的公共利益产生消极影响的技术产品被制造出来。"责任式创新注重研究与创新向正确的影响转变，其意味着立足现在看未来，描述并分析潜在的未知影响，包含经济、社会、环境等方面，这个过程由预测、技术评价、情景开发等方法论来支撑。"④

另外，责任原则还需要体现在科学家参与转基因技术治理的行动中，以实现负责任的治理。由于转基因技术作为新兴技术，一方面其具有内在的不确定性；另一方面其应用语境又是复杂的，因此一个转基因技术产品基于责任式创新被研发出来，并被认为是利于公众利益的，但是在具体应用过程中依旧可能会对公众的健康权、环境权等公共利益产生伤害。对此就需要科学家负责任地对转基因技术的产业化推广进行评估和决策。例如，某一项转基因技术产品应该在什么样的范围内以及在做好什么样的预警措施下进行产业化推广等问题需要审慎考虑，对转基因技术产业化应用的实际情况进行跟踪，并及时进行负责任地再评估和决策以对产业化政策进行相应的调整。可见，对于转基因技术来讲，仅仅负责任的创新是不够，还需要进行负责任的治理。

---

① ［德］汉斯·约纳斯：《技术、医学与伦理学——责任原理的实践》，张荣译，上海译文出版社 2008 年版，第 54 页。

② ［德］汉斯·约纳斯：《技术、医学与伦理学——责任原理的实践》，张荣译，上海译文出版社 2008 年版，第 54 页。

③ ［德］汉斯·约纳斯：《技术、医学与伦理学——责任原理的实践》，张荣译，上海译文出版社 2008 年版，第 54 页。

④ 转引自梅亮《责任式创新：科技进步与发展永续的选择》，清华大学出版社 2018 年版，第 45 页。

这就要求科学家不仅要对技术的研发负责——不使得一个不受公众欢迎的产品被制造，而且还要对技术的治理（评价和决策）负责——不使得一个伤害公众利益的产品被应用。这样，科学家才是真正在对科学的"真"负责、对科学的"善"负责、对技术的可持续健康发展负责、对公众的公共利益负责。

如此，在具体的转基因技术治理中，具有"自律性"的，尤其是具有"责任自律性"的科学家以政策选择的诚实代理人身份出现在评价与决策过程中时，不仅可以提出"善的"和"好的"可供选择的政策方案，而且也可以提升专家自身和技术发展政策的公信力。"只有科学的自律性提高了，转基因作物才能重新得到公众信任，拥有一个健康发展的社会环境，真正成为高科技农业馈赠人类的礼物，而非只是少数跨国集团获利的工具。"①

因此，加强专家伦理规范以约束专家行为，不仅需要外在性的伦理规范和监督，还需要内在性的伦理自觉，这样，才能更好地促使专家不违背科学道德、科学标准和科学精神，做出"好的"和"善的"专家行为、专家判断——建立在科学事实基础之上而不是个人主观价值判断之上；超越个人和利益相关者的利益，而建立在公众的公共利益之上。

综上所述，一方面，需要看到面对转基因技术的不确定性和多元化，技治主义存在欠缺，必须抛弃唯专家主义的思想和行为；但是另一方面，应该恰当地看待专家专长的理性价值，以及采取积极措施促使专家专长在转基因技术治理中真正成为一种可贡献型专长，而且要对专家在转基因技术治理中的角色进行重新定位，使之成为政策选择的诚实代理人，不仅如此，还需要给专家充权并进行伦理规范，从而才能使其在转基因技术治理中发挥好应有的作用。

---

① 蔡仲、刘鹏：《科学、技术与社会》，南京大学出版社 2017 年版，第 117 页。

第六章　走向"适度"公民科学：科学的民主化和开放性

在转基因技术的风险评价和决策中，我们一定也要走出这样的误区："基于对专家知识及其角色的确定性认识来处理涉及技科学的复杂性决策，似乎一切都是简单的。因为'真理在此'，专家意见似乎明确地、毫无疑问地引导着做出选择。"① 不可否认，正如上一章指出的，在转基因技术治理中，专家专长和专家角色的理性价值具有重要性和不可替代性，但是，需要看到的是，面对后常规科学的不确定性和后学院科学的多元化，专家专长和专家角色存在局限性，因而仅仅依赖专家也是不够的。对此，在转基因技术规制中，我们需要反对科学主义、专家主义和权威主义，应该走向专长的民主化和技术治理的开放性，以实现风险的共治和利益的共商，从而走出技治主义困境。"技治主义应将自身的合法性基础深植于公共领域的公开讨论之中，将专家共同体内部封闭性符号体系转化为面向公众的开放性语言体系。"②

一　公民科学的提出与内涵

面对科学与社会的紧张关系，西方学者提出了公众理解科学（public understanding of science）这一新理念。西斯蒙多（Sergio Sismondo）认为："'公众理解科学'这个短语逐渐代表这样一场运动：向公众传授更多的科学。"③公众理解科学运动的早期主要依赖的是杜兰特（John Durant）提出的"缺失

---

① Massimiano Bucchi, *Beyond Technocracy: Science, Politics and Citizens*, Berlin: Springer Science + Business Media, 2009, p. 91.

② 周千祝、曹志平：《技治主义的合法性辩护》，《自然辩证法研究》2019年第2期。

③ ［加］瑟乔·西斯蒙多：《科学技术学导论》，许为民等译，上海世纪出版集团2007年版，第218页。

模型"。该模型的主要观点是：公众缺少科学知识，因而需要提高他们对于科学知识的理解。① 在这一模型的指引下，公众理解科学的要义就在于科学家、科普工作者、媒体向公众传播科学知识，以使得他们对科学及其产品加强认识、信任和支持。无可置疑，向公众传播转基因技术及其产品的风险、收益的相关知识是至关重要的，这可以帮助那些对转基因技术一无所知或知之甚少的公众获得相关认识。但是，需要指出的是，杜兰特提出的"缺失模型"是存在欠缺的。此模型隐含了科学知识是绝对正确的这一潜在假定，同时也忽视了扩展公众对科学的兴趣和参与科学问题的需要。② 尤其在面对科学的不确定性时，把科学当成绝对的真理，向公众单向度的传输显然是不恰当的。这不仅不利于公众正确地理解科学、准确地分析相关风险和收益，而且还会遭到公众的质疑，失去公信力。对此，温内（Brian Wynne）在反思杜兰特"缺失模型"的基础上，提出了公众理解科学运动的新模式——"内省模型"。该模型认为，一方面科学需要"自省"；另一方面科学家再也不应该采取一种自上而下的方式来向公众单向的传输科学知识了，而是要注重与公众的协商。③ 通过风险沟通，在一定程度上可以消除公众对转基因技术及其产品的误解。"不仅要规避客观存在的技术发生不利影响的可能性，更要控制技术风险的社会放大过程，防止技术风险事件的次级影响被无限放大。"④ 因此，相比于传统的科学普及，公众理解科学开始强调科学与公众的沟通、对话与互动具有积极意义，"在科学技术学的语境中，公众理解科学这个短语，常常指的是力图将科学知识带入公共领域过程的研究，而不仅仅是指科学的传授"⑤。

但是，随着科学的社会化进程的加剧，一方面科学的发展与公众生活的联系更加密切；另一方面科学事业的发展需要得到公众、政府的支持。因此在政治民主化思想的影响下，公众参与科学事务的科学民主化趋势日益显现。

① 李正伟、刘兵：《公众理解科学的理论研究：约翰·杜兰特的缺失模型》，《科学对社会的影响》2003 年第 3 期。

② 李正伟、刘兵：《公众理解科学的理论研究：约翰·杜兰特的缺失模型》，《科学对社会的影响》2003 年第 3 期。

③ 刘兵、李正伟：《布赖恩·温的公众理解科学理论研究：内省模型》，《科学学研究》2003 年第 6 期。

④ 毛明芳：《技术风险的社会放大机制——以转基因技术为例》，《未来与发展》2010 年第 11 期。

⑤ ［加］瑟乔·西斯蒙多：《科学技术学导论》，许为民等译，上海世纪出版集团 2007 年版，第 219 页。

SSK 认为面对技术的不确定性，科学并非真理世界，从而提出了通过加强公众参与来解决技术治理的合法性问题。至此，科学与公众的关系进入一个新阶段——公众参与科学（public engagement with science）。相比于公众理解科学，公众参与科学的特点是：不仅认为公众应该掌握一定的科学知识以理解科学，而且更加强调公众应该参与、见证、监督有关科学事务的决策，试图以科学民主化（政治层面的民主化）的方式来处理科学与公众的紧张关系，从而使得科学能获得公众的支持和信任。可见，公众理解科学关注的是专家与公众之间的互动、沟通，而公众参与科学则超出了前者，指出了公众参与科学事务决策的合理性。公众理解科学模式认为公众掌握一定的科学知识就足够了，这就遮蔽了公众参与科学决策的必要性。而公众参与科学理论的提出，旨在凸显面对具有争议性的诸如转基因技术等新兴技术时，公众参与技术讨论和决策的必要性，以及强调这样的参与可以使公众能表达利益关切和意见，并促使科学决策更具透明化、开放性和民主化，从而有助于解决科学的公信力危机。

对于转基因技术等新兴技术来讲，不仅涉及技术应用的利益多元化问题，而且还涉及技术不确定性导致的风险问题。转基因技术存在着不确定的、不可忽视的环境风险、健康风险等。而在转基因技术风险的治理中，专家专长并不能完全应对不确定性，存在着一定的局限性。这就需要引入另一个"他者"——公众，以便在技术治理中进一步实现"扩大的共同体"和"扩展的事实"，从而更好地应对技术不确定性。由此，公众参与科学事务就进入另一个层次——知识生产。这样，科学与公众的关系进入又一个新阶段——公民科学/公众科学（citizen science）。尽管公众参与科学与公民科学都强调公众参与科学事务，但是前者强调的是公众参与有关科学议题的决策，是要彰显政治层面的科学民主化；而公民科学超越了前者，还强调公众参与科学研究（public participation in scientific research），这是在彰显知识论层面的科学民主化。在公民科学范式下，公民（citizen）既是一个政治范畴，也是一个科学范畴，公众是带着知识参与科学事务的，是具有地方性专长的公众专家。公民科学倡导知识和身份的对等性——科学知识与地方性知识以及科学专家与公众专家可以合作、互补。因此，公民科学不仅是为了使科学知识获得公众的理解和认同，以及有关科学事务的决策得到公众的支持，而且是为了知识生产和应对技术不确定性。可见，在转基因技术风险评价和决策中，走向公民科学范式，这是在从政治层面和知识论层面两个科学民主化维度来回应技术治理的合法性问题。

"公民科学"的概念最早由英国学者埃文（Alan Irwin）和美国学者邦尼（Rick Bonney）提出。1995 年埃文在《公民科学——关于人、专长和可持续发展的研究》中指出，"公民科学"表达着科学与公民两者之间关系的两种含义：公民科学唤起了对公民的关注；公民科学意味着由公民自身来实施和发展科学的一种形式（语境性知识）。① 埃文的公民科学理念实际上表征着要推进一种直接面向公民、以公民为本的科学（citizen-oriented science），这包含着两层内涵：一是科学要关注公众的利益关切；二是科学要关注公众的知识价值。"公民科学的第一种含义指的是，'公民科学'是一门为公民利益服务的科学（science for the people）；公民科学的第二种含义指的是，'公民科学'是一门由公民执行的科学（science by the people）。"② 埃文更多的是以一种宏观视角来解析公民科学的价值，例如他通过对科学知识和风险社会的社会学研究，认为不关注公民权（citizenship）和公民知识就不能实现可持续发展，而公民科学为解决科学、公众与环境风险的紧张关系，提供了一条非常必要的路径。与此不同，邦尼更多的是从微观视角，探析了公众在参与一些具体的科学研究项目中所具有的知识论价值。他把公民科学定义为一种"双向通道"（a two-way street）性的科学项目，在那里业余者/公众（amateurs）可以为科学家提供观察数据，而公众也可以从中提高新的技能。③ 但是有一点是共同的，埃文和邦尼提出的公民科学理念都在倡导知识论层面的科学民主，都在强调公众的地方性（local）或本土性（indigenous）知识、实践性（practical）或经验型（experiential）知识和语境性（contextual）或情境化（situated）知识在知识生产中的价值。"'公民科学'的独特性在于其强调业余者（普通公众）能对科学知识生产作出贡献。'基于社区的研究'（community-based research）、'科学 2.0'（science 2.0）、'开放科学'（open science）、'业余科学'（amateur science）等术语被用来表征当前的公民科学

---

① Alan Irwin, *Citizen Science: A study of People, Expertise and Sustainable Development*, London and New York: Routledge, 1995, p. xi.

② Bruno J. Strasser, et al., "'Citizen Science'? Rethinking Science and Public Participation", *Science & Technology Studies*, Vol. 32, No. 2, 2019.

③ Rick Bonney, "Citizen Science: A Lab Tradition", *Living Bird*, Vol. 15, No. 1, 1996.

实践。"①

邦尼等根据公众参与科学研究的程度（即对项目的影响力和控制度），把"公民科学"分成了三种类型：贡献型项目（contributory projects），这些项目由科学家设计，公众主要是贡献数据；协作型项目（collaborative projects），这些项目由科学家设计，公众不仅是贡献数据，而且也可以帮助改进项目设计、分析数据或发布调查结果；共同创造型项目（co-created projects），这些项目由科学家和公众一起设计，其中至少部分公众参与者积极参与了科学研究过程的大部分或所有步骤。②

虽然"公民科学"这种新理念是在 20 世纪末才被学者们提出，但是作为实践形式的"公民科学"行为其实早就存在。例如，灯塔看守人对鸟类袭击数据的收集等。公民科学范式与 18、19 世纪的博物学传统具有一定的相似性，当时业余博物学家（amateur naturalists）像今天的公民科学家一样，参与和推动了科学知识的生产。甚至可以说，在当时所有从事自然研究的人基本上都是业余者和公民科学家。"两个世纪前，几乎所有的科学家都以其他职业为生。例如，达尔文不是作为一名专业的博物学家，而是作为船长的一个无报酬的同伴，加入了比格尔号（Beagle）的航行。"③ 因此，有学者认为，在那个时代，几乎所有的科学都是公民科学。④ 只是在近代科学建制化之后，才有了所谓的专业和业余、正统科学与公民科学之分。历史上博物学传统在推动关于对自然的认识上产生了巨大的积极意义。这在一定程度上也表明了今天公众参与科学研究项目具有合法性，并启示我们需要重视公民科学在促进科学知识生产中的价值。"如果说达尔文是一个公民科学家，那么，今天参与科学研究的业余爱好者们可能也在做一些有价

---

① Bruno J. Strasser, et al. , " 'Citizen Science'？Rethinking Science and Public Participation", *Science & Technology Studies*, Vol. 32, No. 2, 2019.

② Rick Bonney, et al. , *Public Participation in Scientific Research: Defining the Field and Assessing Its Potential for Informal Science Education*, Washington, D. C. : Center for Advancement of Informal Science Education (CAISE), 2009, p. 11.

③ Jonathan Silvertown, "A New Dawn for Citizen Science", *Trends in Ecology and Evolution*, Vol. 24, No. 9, 2009.

④ Muki Haklay, "Citizen Science and Volunteered Geographic Information: Overview and Typology of Participation", in Daniel Sui, Sarah Elwood and Michael Goodchild, eds. , *Crowdsourcing Geographic Knowledge: Volunteered Geographic Information in Theory and Practice*, Dordrecht: Springer Netherlands, 2013, pp. 105 – 122.

值的事情。"①

19世纪末科学专业化、建制化完成之后，科学研究的场所由家里变成了特定的实验室，科学研究由一件自娱自乐的事情变成了一项专门的事业，科学研究从事者由业余爱好者（hobbyist）变成了专业人士（professional），科学研究的范式从自然主义（博物学）传统走向了实验室传统。《大众科学月刊》在1902年提到实验科学时指出："业余科学家的时代已经过去；科学现在必须由职业专家来推动。"② 在20世纪，尽管在一些直接面向大自然的研究中（如鸟类观察），公众依旧参与并提供了一些有价值的数据。但是，在大多数的科学研究领域中，业余者往往无法介入具体的科学研究，"实验科学的认知和道德权威部分就源于把公众排除在科学知识生产之地——实验室——之外"③，由此，科学与公众开始分立，科学的神秘性、至高性和霸权性开始显现。但是，随着科学向后常规科学和后学院科学范式转变，科学知识本身的局限性开始凸显，科学与社会的冲突不断加剧，并进而导致了科学公信力危机的出现。此时，科学就需要进行一场革命，从由实验室科学主导走向实验室科学与公民科学间的协调、合作。尤其对于环境科学、生态学等直接面向大自然的科学研究和诸如转基因技术等新兴技术的治理来讲，更应该如此。这样才能解决科学本身的有限性及其应用所导致的风险和收益的不确定性、复杂性和多元化问题以及重建科学的公信力和形成技术发展的共识性。

二 公共协商与共识形成

转基因技术产业化所涉及的利益主体呈现出多元化态势，其利益相关者有：转基因技术的研发者（生物技术公司、科研机构及其科研人员）、转基因技术的使用者（种植者）、转基因技术产品的食用者（消费者）以及政府部门、环保组织、普通公众等。而不同的利益主体具有不同的利益诉求，例如，

---

① Bruno J. Strasser, et al. , "'Citizen Science'? Rethinking Science and Public Participation", *Science & Technology Studies*, Vol. 32, No. 2, 2019.

② Bruno J. Strasser, et al. , "'Citizen Science'? Rethinking Science and Public Participation", *Science & Technology Studies*, Vol. 32, No. 2, 2019.

③ Bruno J. Strasser, et al. , "'Citizen Science'? Rethinking Science and Public Participation", *Science & Technology Studies*, Vol. 32, No. 2, 2019.

生物技术公司追求的是经济效益、种植者关注的是农业收入、消费者看重的是健康收益、环保组织关心的是环境收益、政府部门考虑的则是粮食安全和农业安全等，因此不同的利益主体在转基因技术的价值判断上具有不同的观点，呈现出价值判断的非共识性。

在这样的情况下，在转基因技术决策中，"知识—权力—资本"精英难以代表不同公众的意愿和多元利益诉求。因为精英决策模式存在着缺陷：由精英主导决策而制定的政策，其往往反映的是精英的利益和偏好，而不是广大公众的意愿，"当精英的偏好不同于大众时，精英的偏好往往会占上风"①，其达成的共识往往是精英集团而不是普通公众的价值共识。"政策从精英朝下流向大众，它们不是反映来自大众的需求。"②

因此，在转基因技术治理中，需要走向公民科学范式，加强公众参与决策，推进政治层面的科学民主化，从而回应技术决策的合法性问题。"公民科学可以扩大利益相关者的参与，引入新的观点、信息以及新的合作关系。"③转基因技术产业化涉及多方利益群体，而不同的群体具有不同的利益诉求。面对此种利益多元化的情景，必须改变决策模式——从精英决策走向多元群体参与决策。"如果我们考虑以某种有意义的方式促进那些社会里的人民大众的人权，那么这种精英集团的决策则不是答案。"④ 对此，在转基因技术决策中，就需要进行公共协商，以达成共识，从而制定出一个能维护好各方群体利益的、具有普遍"善"的转基因技术产业化政策。

美国政治学家佩特曼（Carole Pateman）在1970年出版的《参与和民主理论》一书中，完整地构建了"参与民主"（participatory democracy）理论。⑤协商民主（deliberative democracy）理论则是在参与式民主理论的基础上发展起来的。1980年，克莱蒙特大学政治学教授毕塞特（Joseph M. Bessette）在《协商民主：共和政府的多数原则》一文中首次从学术意义上使用了"协商民

① ［美］托马斯·R. 戴伊：《理解公共政策》（第十版），彭勃译，华夏出版社2004年版，第20页。
② ［美］托马斯·R. 戴伊：《理解公共政策》（第十版），彭勃译，华夏出版社2004年版，第19页。
③ Susanne Hecker, Muki Haklay and Anne Bowser, et al. , *Citizen Science*：*Innovation in Open Science*, *Society and Policy*, London：UCL Press, 2018, p. 2.
④ ［斯里兰卡］威拉曼特里：《人权与科学技术发展》，张新宝译，知识产权出版社1997年版，第253页。
⑤ 参见王晓丽《卡罗尔·佩特曼的参与民主理论评析》，《内蒙古大学学报》（哲学社会科学版）2009年第5期。

主"一词，而真正赋予协商民主动力的是曼宁（Bernard Manin）和科恩（Joshua Cohen）两位学者，进入 20 世纪 90 年代，协商民主理论引起了学者们的广泛关注。① 协商民主与参与式民主的最大区别之处在于"后者主要指的是参与政党活动，参加投票或竞选，而前者则是直接对政策发表意见"②。可以说，协商民主摆脱了精英决策模式，"协商民主的核心理念就是公共协商"③，从而走向了一种多元参与、开放式的决策模式，试图解决多元主义、不平等、复杂性等问题。

但是，需要注意的是，推进政治层面技术治理合法性的实现，还必须要解决公众参与的"广延性问题"。也就是说，在转基因技术决策中，推进公民科学的同时，要反对泛民主化，否则不仅会增加技术决策的成本，而且也会降低技术决策的效率和效果。必须清楚，参与转基因技术决策的公众是有边界的，即那些与转基因技术产业化具有利益相关性的公众应该参与进来，在决策中发出他们的心声，带来他们的建议，而不是利益诉求和意见表达"被代表"。"参与除了是一种基本人权之外，它对其它权利的保障也是重要的。"④ 公众观点和意见的直接表达带来的是最为真实的利益诉求。联合国粮食及农业组织（FAO）也认为：有必要提供更多的机会，以便让科学家、社团代表、决策者和所有公众互相进行信息交流。因此，在转基因技术决策中，利益相关者进行充分的公共协商是至关重要的，这可以"有助于打破政策制定过程中的政策垄断——垄断者热衷于把政策制定封闭起来，限制外界的参与，通过各种形式对政策进行控制"⑤，如此也就可以使得利益相关者能够实现自身利益的明确表达。这就有利于"制定出善的（good）生物技术政策，这种普遍的善是要超越任何一个群体、利益集团的善，是要考虑任何一个群体、利益集团的利益和观点"⑥。

① 陈家刚：《协商民主引论》，《马克思主义与现实》2004 年第 3 期。

② 郭巍青：《公众充权与民主的政策科学：后现代主义的视角》，载白钢、史卫民《中国公共政策分析》，中国社会科学出版社 2006 年版，第 281—298 页。

③ 陈家刚：《协商民主引论》，《马克思主义与现实》2004 年第 3 期。

④ ［斯里兰卡］威拉曼特里：《人权与科学技术发展》，张新宝译，知识产权出版社 1997 年版，第 44—45 页。

⑤ 李强彬：《论协商民主与公共政策议程建构》，《求实》2008 年第 1 期。

⑥ D. J. Galligan, "Citizens' Rights and Participation in The Regulation of Biotechnology", in Francesco Francioni, eds., *Biotechnologies and International Human Rights*, Oxford Portland, Or.: Hart Publishing, 2007, pp. 335 –359.

对于种植者的经济收益的维护来讲，转基因作物的种植到底有没有给他们带来经济收益，他们在种植过程中有什么体会，他们希望推广什么样的转基因作物以促进农业产业的升级、增加他们的经济收入、维护好他们的发展权等一系列问题，种植者具有最为真实的发言权。而如果仅仅是依靠经济学家根据个别的、特定的调查数据或访谈，或者基于数学模型来计算等，那么在转基因作物推广所带来的经济收益上所得出的结论是存在一定缺陷的。因为此种结论更多的是体现出特殊性而不是普遍性，更多的是体现出理想性而不具有现实性，实际的情况往往比想象的要复杂很多。例如，种植者在种植转基因作物过程中可能会产生额外的成本，出现一些意想不到的事情而影响他们的收入。这些都是在"办公室思考"中未能顾及的，必须依靠转基因作物的实际种植者——广大农民，来表达其观点和相关诉求。

对于消费者的健康收益的维护来讲，消费者对转基因食品存在什么样的担忧，有一个什么样的期待，即在他们看来什么样的转基因食品（具有哪些特性）才能产生更多的健康收益，如何才能维护好他们的健康权等这些问题都应该体现在转基因技术产业化决策的考量中。但是，消费者的意愿往往是精英所不知道的或不完全知道的。例如，在一些情况下，精英自以为所做出的决策是在维护消费者的利益，但是现实中却并未得到消费者的认可。消费者和精英的食品消费观念和习惯的不同、知识结构的不同、实际处境的不同，都会导致他们在有关价值判断上的不同。因此，只有在具体的转基因技术决策中让消费者自身去表达他们的意愿、关切，尤其是一些弱势群体或少数族群的诉求，"政策协商要求无论议程建构还是决策都必须顾及少数人群或弱势群体的声音，确保他们的观点和政策诉求能够被真实地呈现在政策过程中"①，从而才能维护好不同消费群体的各自利益。

还需要强调的是，在转基因技术产业化决策中，公众参与利益的公共协商，不能流于口号和形式，而要注重行动和内容，即要确保公众参与的实际效果，以便能对转基因技术产业化政策过程和政策走向产生实质性影响力，对此，就需要真正"充权于公众"②，保证不同利益群体的集体行动力（col-

---

① 李强彬：《论协商民主与公共政策议程建构》，《求实》2008 年第 1 期。
② 郭巍青：《公众充权与民主的政策科学：后现代主义的视角》，载白钢、史卫民《中国公共政策分析》，中国社会科学出版社 2006 年版，第 281—298 页。

lective action capacity）。伯纳尔（Thomas Bernauer）认为，哪种利益集团将在转基因技术政策的制定上占据更大的话语权和产生更大的影响力，关键在于其集体行动能力。他指出，在欧洲由于环保和消费者集团的集体行动力较强，所以欧盟在转基因技术政策的制定上更多的是以公众的环境收益和消费者的健康收益维护作为决策的基点；在美国由于生产者集团（包括原料供应商、食品加工商、零售商和农场主）的集体行动力较强，所以美国在制定转基因技术政策上较少地顾及其可能产生的环境风险和健康风险，而比较注重其将到来的经济效益。[1]

不可否认，在当前我国的转基因技术产业化决策中，不同利益群体的集体行动力是有差异的。例如，政府官员、转基因技术共同体、生物技术公司等集体行动力较强，他们对决策的影响力较大；而消费者、农民、环保人士、非政府组织等集体行动力较弱，他们对决策的影响力就较小。因此，为了在转基因技术产业化决策中进行充分的、平等的利益协商，"协商民主要求通过相应的制度设置来保障所有受到政策影响的人都具有平等的利益表达和诉求权利以使他们的发言得到同等的考量。"[2] 对此，一方面需要提升消费者、农民等利益群体的集体行动力，使得他们在公共协商中能真正实现自身利益的表达，而且要使得他们的利益表达在政策制定中能得到同等的考量；另一方面要遏制某些强势利益群体（如转基因技术共同体）在决策中其集体行动力和影响力过大的情况，以防止他们控制政策的走向，出现所谓的"隐蔽议程"——"一小群人"通过封闭的议程环境控制着公共议程上出现的问题，致使一些至关重要的政策问题被排除在公共政策过程之外。[3]

由此可见，转基因技术产业化存在着利益多元化、非共识性问题。对此，就需要扩大参与技术决策的主体，进行广泛的公共协商。因此，在转基因技术治理中，走向公民科学范式，首先需要从政治层面的科学民主化维度来推进技术治理的合法性。而在利益的公共协商中，为了实现技术治理的合法性，还必须解决参与技术决策的主体的"广延性问题"。公众参与是有边界的，那

① 参见［瑞士］托马斯·伯纳尔《基因、贸易和管制：食品生物技术冲突的根源》，王大明、刘彬译，科学出版社 2011 年版，第 80—124 页。
② 李强彬：《论协商民主与公共政策议程建构》，《求实》2008 年第 1 期。
③ 李强彬：《论协商民主与公共政策议程建构》，《求实》2008 年第 1 期。

些利益相关者应该参与到转基因技术决策中来。此外，为了保证公众参与的效果，还需要"充权于公众"，提升公众的集体行动力。在这里，需要指出的是，在转基因技术治理中，走向公民科学范式，还需要从知识论层面的科学民主化维度来推进技术治理的合法性。下面将对此展开分析。

三　公众专长与风险共治

（一）转基因技术的后常规科学特征与专家专长的局限性

转基因技术具有高度的不确定性，这种不确定性体现为技术本身的不确定性、技术认识的不确定性以及技术后果的不确定性等。例如，科学共同体（尤其在转基因专家与生态学家之间）在转基因技术环境风险上存在着较大的争论，未达成一致的科学判断。而且转基因技术的应用涉及面比较复杂，与环境、人体健康、社会、伦理等各方面紧密相关。因此，适用于常规科学下的技术风险治理模式失灵了，"传统常规科学日益显露出了局限性"[1]。面对具有高度不确定性和复杂性的转基因技术风险治理时，科学共同体的认识不再统一，专家专长也并不具有绝对的权威性，而且他们的有限性日益突出，因为他们获得的认识也是一种片面化的知识，"专家也和其他人一样，总是从一个片面的角度观察各种现象"[2]。在面对高度不确定性的科学决策中，"科学作为善和真（true）的担保人的旧观念已成为历史了"[3]。因此，在转基因技术治理中，依旧基于常规科学理念而绝对地信任和依赖专家专长，则面临着较高的决策风险，无法应对技术的不确定性。

福特沃兹和拉维茨提出了相对于库恩"常规科学"的"后常规科学"的理念，来试图解决高不确定性下的相关技术治理与决策问题。他们指出存在三种解决问题的策略：应用科学（applied science）、专业咨询（professional consultancy）、后常规科学（post-normal science），并基于"系统不确定性"（systems uncertainties）和"决策风险"（decision stakes）两个变量的大小，分

① 张月鸿：《现代综合风险治理与后常规科学》，《安全与环境学报》2008年第5期。
② ［美］丹尼尔·李·克莱曼：《科学技术在社会中：从生物技术到互联网》，张敦敏译，商务印书馆2009年版，第211页。
③ 福特沃兹、拉维茨：《后常规科学的兴起》（上），《国外社会科学》1995年第10期。

析了这三种对策类型的应用范围，见图6－1。①

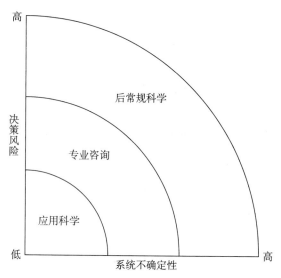

图6－1　解决问题的三种对策类型

由图6－1可知，"应用科学"面对的是系统不确定性和决策风险两个因素都很低的状态，此时库恩所谓的解谜（puzzle-solving）是适用的。科学事实具有确定性和实证性，科学共同体具有统一的信念，因此在技术治理中不需要进行广泛的讨论。而当其中的一个因素（系统不确定性或决策风险）中等大小时，就必须引入"咨询技能或评价"（consultant's skill or judgement），此时需要进入第二种解决问题的对策类型——"专业咨询"。而在后常规科学范式中，系统不确定性和决策风险两个要素都很高，在此种类型的技术治理中，为了减少或控制不确定性，降低决策风险，就更需要进行广泛的科学辩论。据此，这就需要扩大参与主体和知识库，以实现"扩大的共同体"和"扩展的事实"。

转基因技术治理不仅面临着较高的系统不确定性，而且还面临着较高的决策风险，因为一方面转基因农业具有潜在的经济效益，但是另一方面其又有着特殊的、可能的环境风险、健康风险等。由此，转基因技术治理是一种

---

① Silvio O. Funtowicz and Jerome R. Ravetz, "The Emergence of Post－Normal Science", in René von Schomberg, eds., *Science*, *Politics and Morality*: *Scientific Uncertainty and Decision Making*, Boston: Kluwer Academic Publishers, 1993, pp. 85－123.

典型的后常规科学范式下的治理，"归属于理性与科学确定性的王国的传统的科学风险评估与管理的模式已不再有效了"①。"在后常规科学的条件下，质量保证的必要功能不再被有限的内行团体所发挥，当问题不再有简单的答案，当现象本身是模棱两可的，那么，通过排除其他人只保留学术和官方专家，这并不能提高辩论质量。"② 因此，为了在转基因技术治理中，"减少系统不确定性，需要拥有一个能够理解、预测和应对超出了科学实验的复杂的现实的能力"③，这就需要走向公民科学，推进知识论层次的科学民主化——通过公众的广泛参与，带来扩展的事实，以发挥好公众专长的优势，从而有效应对转基因技术的不确定性。例如，丹麦、德国、英国在转基因技术评价中所倡导的参与式技术评估（participatory technology assessment），就是一种较为有效的、可行的实践模式。④

（二）转基因技术的知识生产模式 2 特征与公众专长的价值

吉本斯（Michael Gibbons）等认为存在模式 1 和模式 2 两种知识生产方式，两者具有显著的差异性：模式 1 的知识生产是在认知语境中进行的，设置和解决问题的情境（context）主要由一个特定共同体的学术兴趣所主导，而模式 2 作为一种新的知识生产方式，知识生产是在社会、经济等应用情境中进行的；模式 1 的知识生产是基于一种学科，以同质性为特征，是等级制的，而模式 2 的知识生产则是在一个更广阔的、跨学科的（trans-disci-planarity）情形中进行的，是非等级化的、异质性的（heterarchical）、多变的。⑤ 转基因技术治理不仅与科学本身有关，而且还涉及经济的、政治的、伦理的、环境的等复杂的社会情境，所以这是一种属于模式 2 的知识生产方式。吉本斯等指出，"模式 2 涵盖了范围更广的、临时性的、混杂的从业者，他们在一些由特定的、本土的语境所定义的问题上进

---

① 陈璇：《风险分析技术框架的后常规科学和社会学批判：朝向一个综合的风险研究框架》，《未来与发展》2008 年第 2 期。

② 福特沃兹、拉维茨：《后常规科学的兴起》（下），《国外社会科学》1995 年第 12 期。

③ Silvio O. Funtowicz and Jerome R. Ravetz, "Science for the Post – Normal Age", *Futures*, Vol. 25, No. 7, 1993.

④ Janus Hansen, *Biotechnology and Public Engagement in Europe*, New York：Palgrave Macmillan, 2010, pp. 28 – 47.

⑤ ［英］迈克尔·吉本斯等：《知识生产的新模式：当代社会科学与研究的动力学》，陈洪捷等译，北京大学出版社 2011 年版，第 1—3 页。

行合作"①。因此，转基因技术的知识生产模式 2 特征表明，走向公民科学以推进知识论维度的科学民主化具有必要性，这样才能在转基因技术治理中，充分挖掘和发挥公众具有的实践性的、地方性的、语境化的公众专长的价值。

尽管柯林斯等强调了公众与专家之间的区别和界限，但是，实际上，他们的专长研究同时又看到了公众专长的价值。他们认为："专长分类的目的是为了发展一种专长的话语体系，使得公众的专长（citizens' expertise）能与科学家的专长（scientists' expertise）恰当地共存。"② 在转基因技术治理中，发挥公众专长的价值，可以弥补专家专长的不足。例如，转基因技术环境风险具有明显的生态环境差异性，对于这样一种情况，当地的农民拥有着具体的经验性（涉身性）的环境风险感知。由此，他们具有的地方性专长在转基因技术风险评价中，是一种独特的语境性知识，呈现出了可贡献型专长的特征。"当核心问题是一种地方性设计时，当地人可以被看成拥有着丰富的基于经验的专长的专家。"③ 的确，在转基因技术环境风险评价上，专家是在实验室中开展研究的，会忽视开放性环境的特殊性；他们往往使用的是普适性的评价模型，会忽视局部环境的差异性；他们经常是针对理想化的作物耕作体系来研究，会忽视农民具体农事操作的随意性；他们往往只会考察短期的、当前的影响，会忽视长期的、未来的影响。可见，推行公众参与转基因技术风险评价是极为必要的。"当技术扩展到实验室外部，并涉及到复杂的环境问题，技术便敏感于所在的社会语境了。"④ 由此，在转基因技术治理中，仅仅关注科学语境是不够的，还需要扩展到社会语境，而公众是来自实际的社会中，对具体社会实践语境能有一个较好的感知，对转基因技术的应用后果具有切身的感受。因此，公众参与转基因技术治理，可以促进知识生产，从而有利于更好地应对转基因技术的不确定性风险。

---

① ［英］迈克尔·吉本斯等：《知识生产的新模式：当代社会科学与研究的动力学》，陈洪捷等译，北京大学出版社 2011 年版，第 3 页。

② Harry Collins and Robert Evans, "The Third Wave of Science Studies: Studies of Expertise and Experience", *Social Studies of Science*, Vol. 32, No. 2, 2002.

③ Harry Collins and Robert Evans, "The Third Wave of Science Studies: Studies of Expertise and Experience", *Social Studies of Science*, Vol. 32, No. 2, 2002.

④ 李永忠、冯俊文：《公众理解纳米科学：利益、风险和不确定性》，《中国科技论坛》2009 年第 5 期。

（三）公民科学实践与知识共生

公民科学是一种知识生产的新方式，"它是一系列让非专业人士作为合作者介入科学研究的参与模式"①。公民科学兴起于那些直接面向大自然的科学研究项目，"最早的公民科学项目可能是 1990 年以来由美国国家奥杜邦协会（National Audubon Society）举办的圣诞节鸟类统计活动"②。在诸如生态学的研究中，研究对象具有空间尺度大、跨越时间长、涉及面复杂等显著特征。这样，公众参与科学研究项目在推进科学知识生产上具有明显的作用，因为他们可以收集到一些世界各地的关于物种存在、分布、变化的跨越几年甚至几十年的数据。"几乎任何试图在广阔的地理区域内收集大量实地数据的项目都只能在公民科学家的帮助下才能成功。"③ 一些具体的科学研究项目也表明了公民科学具有特殊的价值，例如，康奈尔鸟类实验室的公民科学项目关于鸟类种群在时间和空间分布上的变化以及环境变化对鸟类繁殖成功率的影响、新出现的传染病如何通过野生动物种群传播、酸雨如何影响鸟类种群等方面收集到了大量的数据。④

在公民科学中，公众对知识生产的第一个作用表现为对"数据的收集贡献"。公众群体分布的广泛性、差异性和地域性等都为特定性数据的广泛收集提供了可能性。公众对知识生产的另一个作用则是"数据的共同创造（co-created）"——数据处理或分析。"数据处理项目是把数据从原初状态转变为可分析状态。"⑤ 尽管当前公民科学的作用主要体现在第一个方面，但是数据处理作为一项认知密集型任务，对于促进知识生产具有巨大的潜在价值，"公民科学的整个潜力才刚刚开始被认识到"⑥。

---

① Andrea Wiggins and Sage Bionetworks，"The Rise of Citizen Science in Health and Biomedical Research"，*The American Journal of Bioethics*，Vol. 19，No. 8，2019.

② Jonathan Silvertown，"A New Dawn for Citizen Science"，*Trends in Ecology and Evolution*，Vol. 24，No. 9，2009.

③ Jonathan Silvertown，"A New Dawn for Citizen Science"，*Trends in Ecology and Evolution*，Vol. 24，No. 9，2009.

④ Rick Bonney, et al.，"Citizen Science：A Developing Tool for Expanding Science Knowledge and Scientific Literacy"，*BioScience*，Vol. 59，No. 11，2009.

⑤ Andrea Wiggins and Sage Bionetworks，"The Rise of Citizen Science in Health and Biomedical Research"，*The American Journal of Bioethics*，Vol. 19，No. 8，2019.

⑥ Rick Bonney, et al.，"Citizen Science：A Developing Tool for Expanding Science Knowledge and Scientific Literacy"，*BioScience*，Vol. 59，No. 11，2009.

公民科学在与大自然有关的科学研究中,如水质监测、生态恢复等环境科学研究,物种分布、生物入侵等生态学研究,气候变化等大气科学研究,以及在那些与公众自身或生活直接相关的科学研究中,对数据收集和分析,并进而增进科学知识的增长上具有显著的价值。例如,对于健康与医学领域来讲,当前的公民科学项目对假设性风险的考量转移到了个体身上,这就可以弥补传统健康研究体系的不足:可以接触到自身数据流的公众具有一种特定的熟悉度,这可以支持解释的流畅性;与参与个体建立关系可以创造新的机会以收集丰富的纵向数据流,这可以促使从个体数据流中涌现出更大的样本库等。①

不仅如此,"科学技术的发展为公民行动开辟了新的空间"②。转基因技术等新兴技术的应用,一方面具有潜在的效益;另一方面存在着不可忽视的风险,而且,呈现出了复杂性、多元化和不确定性等发展情境。对此,正如前面指出的,在转基因技术治理中,不仅需要推进政治层面的公民科学以进行公共协商,而且由于转基因技术的后常规科学和知识生产模式 2 特征,需要推进知识论层次的公民科学,"以一种多元的观点,进行广泛的社会对话,可以使科学能够很好地应付未来的不确定性,更好地解决那些构成社会的人们的问题"③。

在转基因技术治理中,推进知识论层次的公民科学,一方面需要公众提供数据;另一方面还需要公众处理数据。数据收集是一种观察性研究(observational research),数据处理则是一种介入性研究(interventional research)。公众对数据收集的贡献主要得益于公众的规模和广泛分布,而公众对数据分析的贡献主要是在利用公众所具有的地方性知识。公众作为转基因技术的直接实践者和感受者,"能够帮助提供和分析相关联的当地条件和实践的关键性知识"④。专家专长在应对转基因技术的不确定性上存在着知识性失灵,"公民

① Andrea Wiggins and Sage Bionetworks, "The Rise of Citizen Science in Health and Biomedical Research", *The American Journal of Bioethics*, Vol. 19, No. 8, 2019.

② Sheila Jasanoff, "Science and Citizenship: A New Synergy", *Science and Public Policy*, Vol. 31, No. 2, 2004.

③ Martin O'Connor, "Dialogue and Debate in A Post – Normal Practice of Science: A Reflexion", *Futures*, Vol. 31, No. 7, 1999.

④ 〔瑞士〕萨拜因·马森、〔德〕彼德·魏因加:《专业知识的民主化:探求科学咨询的新模式》,姜江等译,上海交通大学出版社 2010 年版,第 208 页。

科学对科学知识生产具有独特、新颖和创新性贡献"①。在公民科学中，公众与科学的关系在重构，公众既是知识的消费者，也是知识的生产者。公民科学是一种独特的、全新的认识世界的方式，它在强调一种源于直接日常生活的涉身性知识的价值，"就像科学知识一样，本土和地方性知识意味着一种看待世界的方式"②，以及在树立感官的权威，重视公众对自然的经验性观察。因此，"基于公民科学的研究路径将成为科学与社会新关系的一部分"③。科学知识生产正在形成一种社会转向——知识生产从科学共同体的实验室制造走向科学与社会共生。"参与式科学研究模式的兴起，不仅对当今的科学构成了挑战，也对当前的社会秩序构成了挑战，这为科学与社会共生理论（coproduction of science and society）提供了又一例证。"④ 可见，在公民科学范式下，知识生产走向了一种"共生"模式（co-production）——专家与公众从分立走向合作，科学专长与公众专长从对立走向共存、互补。由此，科学知识正是在这两类专长的互动和协作下，"在一种混合论坛中生产"⑤。对此，正如贾萨诺夫指出的："我们不应该对科学与社会秩序的相互构成性感到惊讶。自然知识及其技术应用的创新需要社会也具有相应的创新能力。这两种形式的创新通过'共生'的过程而联结起来。"⑥

由此可见，在转基因技术治理中，引入公民科学范式，不仅可以在认识论上改变我们对科学知识生产方式以及谁能对知识生产做出贡献的传统看法，而且可以真正为具体的科学知识生产实践实现"扩大的共同体"和带来"扩展的事实"，促进新知识的生产，"它开启了一个充满科学可能性的世界"。⑦

---

① Susanne Hecker, Muki Haklay and Anne Bowser, et al., *Citizen Science: Innovation in Open Science, Society and Policy*, London: UCL Press, 2018, p. 41.

② Susanne Hecker, Muki Haklay and Anne Bowser, et al., *Citizen Science: Innovation in Open Science, Society and Policy*, London: UCL Press, 2018, pp. 112 – 113.

③ Susanne Hecker, Muki Haklay and Anne Bowser, et al., *Citizen Science: Innovation in Open Science, Society and Policy*, London: UCL Press, 2018, p. v.

④ Bruno J. Strasser, et al., "'Citizen Science'? Rethinking Science and Public Participation", *Science & Technology Studies*, Vol. 32, No. 2, 2019.

⑤ Massimiano Bucchi, *Beyond Technocracy: Science, Politics and Citizens*, Berlin: Springer Science + Business Media, 2009, p. 51.

⑥ Sheila Jasanoff, "Science and Citizenship: A New Synergy", *Science and Public Policy*, Vol. 31, No. 2, 2004.

⑦ Yudhijit Bhattacharjee, "Citizen Scientists Supplement Work of Cornell Researchers", *Science*, Vol. 308, No. 5727, 2005.

因此，在公民科学下，通过推进知识论层面的科学民主化——引入公众这个"他者"，可以实现知识共生和达到风险共治（共同应对不确定性），如此，也就可以推进转基因技术治理的合法性。

但是，需要指出的是，在推进知识论层面的公民科学中，也需要解决技术治理的"广延性问题"。在转基因技术治理中，公众参与不应该无限延伸，而应该有边界。"没有限制地扩大公众参与会打开非理性的闸门，会成为决策制定的下一个问题。"① 因此，推行公众参与，挖掘地方性专长的价值，必须要解决好"广延性问题"。公众作为更为广泛的群体，哪些公众应该参与以及如何参与知识生产，需要做出规范性分析，以杜绝公众参与的盲目扩展，防止泛民主化、非理性化、民粹化。公众参与的"广延性问题"涉及两个方面——参与的人和参与的事实（经验、知识）。笔者认为，关于某个具体技术问题的相关性专长，不管是源于科学事实/经验的专长，还是源于日常生活经验的专长，只有其中那些可贡献型专长才能对技术治理产生积极价值。因此，在转基因技术治理中，公众参与知识生产是有条件的，进入的门槛应该是具有相关性的可贡献型专长。唯有如此，公民科学才能真正彰显技术治理的理性和合法性。

四　公民科学：走出单向度的信任机制

在传统的知识生产模式中，科学可信性被认为是一个内部性问题，取决于科学共同体的共识。这样，公众是在被动地、无条件地接受科学知识和信任专家。这种单向度的信任机制本身存在内在缺陷，忽视了公众参与科学事务的民主诉求，以及忽视了公众知识的丰富性、有效性及其参与科学研究项目的可能性，从而未能构建起专家与公众的互动和互信。因此，当前存在的科学公信力危机，本质上是一种专家信任危机，即公众对知识生产中专家专长的独断性以及其未能应对科学不确定性的不满和不信任。例如，转基因技术安全评价和决策采取的是"关门式"模式，忽视了公众的风险感知和价值判断，这就引发了公众对"评价黑箱"的不满，以及对专家判断的质疑和转

① Harry Collins and Robert Evans，"The Third Wave of Science Studies：Studies of Expertise and Experience"，*Social Studies of Science*，Vol. 32，No. 2，2002.

基因技术的不信任。

因此，理性分析传统知识生产模式中科学可信性构建的局限性显得非常必要。正如温内所指出的：公众对科学的"接受"或"理解"来自他们对控制并管理科学的机构有一种潜在的信任和认同，批判的考察一下信任的基础是必要的，因为这个维度决定性地影响着公众对科学的领会。① 西斯蒙多也认为：跟科学对立不仅仅是由"误解"导致的，而且也是由科学工作的不充分导致的。② 长期以来，公众被排除在科学可信性循环体系之外。而拉图尔（Bruno Latour）则关注到了公众在科学公信力建构中的作用，并把其作为整个科学公信力循环机制的组成部分。拉图尔的科学公信力循环机制告诉我们：科学公信力问题已不再是科学共同体内部的事情，而是与公众、社会有关的事情。

转基因技术的后常规科学和后学院科学特征表明，转基因技术治理应该从封闭科学走向开放科学。"开放科学这种路径丰富了公众对科学家的信任。开放科学提供的信息具有完整性，无论是作为取代还是补充旧的科学信任体系，其是一项潜在的、有用的'信任技术'（trust technology）。"③ 因为开放式技术治理不仅意味着可以实现"扩大的共同体"和"扩展的事实"，其本身也可以带来信任，"毫无疑问，公众理解和认可科学的最好方法就是参与其中"④。

公民科学是开放科学的一种具体实践路径，其倡导公众直接介入具体的科学研究过程，这对于重建科学公信力具有独特性作用。因为公民科学不仅保证了公众对科学知识和科学发展的知情权以及保障了公众参与科学事务的决策权，而且还赋予了公众直接参与科学研究项目的权利。公民科学通过变革传统知识生产模式，使科学专制走向了科学民主，在公众与专家一起应对不确定性的交互过程中，不仅可以引入公众的地方性专长以利于知识生产，而且可以让公众接触原创性的科学工作，以便知道科学家在做什么研究、如

① ［美］布赖恩·温内：《公众理解科学》，载希拉·贾撒诺夫等《科学技术论手册》，盛晓明等译，北京理工大学出版社2004年版，第276—297页。

② ［加］瑟乔·西斯蒙多：《科学技术学导论》，许为民等译，上海世纪出版集团2007年版，第219页。

③ Ann Grand and Clare Wilkinson, et al., "Open Science：A New 'Trust Technology'?" *Science Communication*, Vol. 34, No. 5, 2012.

④ Jonathan Silvertown, "A New Dawn for Citizen Science", *Trends in Ecology and Evolution*, Vol. 24, No. 9, 2009.

何做研究。例如，邦尼等对康奈尔鸟类实验室建立和实施的公民科学项目模型二十年来的发展进行了分析，他们认为："大多数公民科学项目也极大地帮助参与者了解了他们所观察到的生物，以及体验了进行科学调查的过程。"① 所以，公民科学既可以促使公众积极参与科学活动以促进科学知识增长，同时也可以促进公众理解科学。而且，在公民科学下，科学家也可以与公众进行面对面的交流，知道公众的忧虑和想法。"公民能够提供其对构成分析所必需的价值观念的认识（公民如何权衡错误的潜在后果？何种不确定性是可接受的或者不可接受的？什么样的假设应该用于构成分析？）。"② 这样，科学家就可以顾及公众的风险感知和风险文化并做出相应的反应，那么科学家就更会获得公众的信任，并进而利于建构起科学与社会的信任关系。因此，与公众理解科学模式只是让公众了解更多的科学知识来相信科学和传统的公众参与科学模式让公众参与有关科学事务的决策而信任专家不同，公民科学则是通过让公众参与一些具体科学项目的直接研究来了解、理解、认可和信任专家系统。

公民科学作为一种新的知识生产方式，其对于构建一种民主、信任以及面向未来的科学具有显著的积极意义。知识生产的开放性利于减少猜忌，"把科学推向开放，通过增加透明度和更加的完整性，使得信息、过程、猜测如数据、结果、结论一样都易于被获取，可以保持信任"③。知识生产的共生性利于增加共识，公民科学可以把分散的、不同的人集中在一个特定空间里一起工作以发展互信。诺夫特尼（Helga Nowotny）等提出"广场"（agora）这一概念，来指代不同群体针对技术进行讨论和协商的社会公共空间，"广场是一个允许甚至鼓励特定形式的争论的场所"④。"广场"由作为行动者/能动者的专家和公众共同塑造，这对于转基因技术等新兴技术的治理以及协调科学与社会的关系和重建专家信任具有积极价值。因为"广场"不仅满足了公众

① Rick Bonney, et al., "Citizen Science: A Developing Tool for Expanding Science Knowledge and Scientific Literacy", *BioScience*, Vol. 59, No. 11, 2009.

② ［瑞士］萨拜因·马森、［德］彼德·魏因加：《专业知识的民主化：探求科学咨询的新模式》，姜江等译，上海交通大学出版社2010年版，第208页。

③ Ann Grand and Clare Wilkinson, et al., "Open Science: A New 'Trust Technology'?" *Science Communication*, Vol. 34, No. 5, 2012.

④ ［瑞士］海尔格·诺夫特尼等：《反思科学——不确定性时代的知识与公众》，冷民等译，上海交通大学出版社2011年版，第234页。

参与科学事务的需要，而且可以促使各方行动者在展现其拥有的专长以推进知识生产过程中充分表达事实认知和价值判断，从而利于达成共识。国外的经验也表明，专家面临信任危机之后，沟通和协商是重建信任的一个重要路径。例如，英国政府在吸取了"疯牛病危机"的经验后，当转基因技术进入公众视野并成为主要争议对象之后，为了重建公众对专家的信任，开始建立相关的公共协商体系。①

因此，公民科学重视和挖掘公众在知识生产中的作用以推进知识的共同创造，不仅是对科学民主化和开放性的回应，也是对由风险社会而导致的后信任社会所引发的专家信任危机的一种有效应对。科学走向开放，科学与社会共生，从而形成一种良序科学，这有助于走出以往那种单向度的信任机制所遇到的困境，从而利于公众与专家的互信以及转基因技术公信力的建构。

五　走向"负责任""适度"的公民科学

在转基因技术治理中，要解决技术的不确定、多元化、非共识性问题，需要引入另一个"他者"——公众，走向公民科学范式。公民科学强调公众不仅应该在政治层面参与科学，而且也应该在知识生产层面参与科学。公民科学倡导的科学民主化是科学的政治民主（涉及科学政策制定）和科学的知识民主（涉及知识生产）的统一，彰显的是决策正义和认知正义。公民科学在促进转基因技术治理的合法性上具有积极意义。具体来讲，公民科学的价值体现为：一是通过增进政治层面的科学民主化，以进行利益的公共协商，从而对转基因技术的发展达成共识；二是通过增进知识论层面的科学民主化，以形成知识共生机制，从而对转基因技术风险进行共治（应对不确定性）；三是推进科学的开放性，以促进公众对科学的了解和信任，从而建构转基因技术的公信力。

为了促使公民科学在知识生产中发挥更为积极的作用，不仅需要加强对公众参与科学研究项目的设计、指导和规范，而且需要创新公民科学项目的实践形式以调动公众参与科学研究的热情。此外，还需要引入新技术手段来

---

① Dave Toke, *The Politics of GM Food: A Comparative Study of The UK, USA and EU*, New York: Routledge, 2004, p. 198.

助推公民科学的运行，"新技术在吸收广泛的受众、激励志愿者、改进数据收集、控制数据质量、证实模型结果、提高决策效率等方面具有潜在的作用"①。

但是，需要指出的是，公民科学是存在限度的：一是公民科学自身面临着一些挑战，如数据收集的规范性、数据的精确性与可靠性、数据如何验证等；二是公民科学的适用范围是有边界的，其对那些直接面向大自然、与公众自身有关的科学研究项目以及与公众生活存在关联的新兴技术的治理等领域较为适用；三是公民科学在知识生产中的作用也是有限的，不可过度夸大，不能从专家主义走向公民主义，如果推行公民科学而否定专家专长和专家行为，那么科学知识的增长就会受阻，"将科学发展的希望完全寄托于普通公众的参与上，只能是一种误导"②。

鉴此，一方面需要推进公民科学以促进技术治理的合法性，另一方面需要防范公民科学的非理性、流于形式、无实质性贡献等问题。吉本斯等指出："与模式 1 相比，模式 2 的知识生产担当了更多社会责任且更加具有反思性（reflexive）。"③ 因此，作为模式 2 的转基因技术治理，应该要推进一种"负责任"的公民科学：参与者要有责任性、参与行为要符合规范性、参与者提供的数据要保证真实性和完整性等。而负责任研究和创新（RRI）的提出也旨在通过倡导责任性和开放性，以回应公众的利益关切、调解科学与社会关系和实现技术的可持续发展。因此，RRI 和公民科学合作，为发展更负责任的和更体现社会关切的科学和创新，提供了一条关键途径。④

不仅如此，在转基因技术治理中，还应该走向一种"适度"公民科学。这里的"适度"至少包含两层内涵：

第一，公众参与者的范围要适度。面对不同的技术以及不同的公众及其专长和利益相关性，应该推行不同的公众参与实践。所以，公众参与转基因技术治理不能进行笼统的分析，而应该走向具体性的分析。对于公众参与知

---

① Greg Newman, "The Future of Citizen Science：Emerging Technologies and Shifting Paradigms", *Front Ecol Environ*，Vol. 10，No. 6，2012.

② 刘翠霞：《专家（主义/知识）的终结？——公民科学的兴起及其意义与风险》，《东南大学学报》（哲学社会科学版）2018 年第 5 期。

③ ［英］迈克尔·吉本斯：《知识生产的新模式：当代社会科学与研究的动力学》，陈洪捷等译，北京大学出版社 2011 年版，第 3 页。

④ Susanne Hecker, Muki Haklay and Anne Bowser, et al.，*Citizen Science：Innovation in Open Science, Society and Policy*，London：UCL Press，2018，p. 249.

识生产来讲，犹如专家进入核心层的条件一样，公众参与知识生产的条件也是相关性专长，也就是说，那些具有与转基因技术有关的可贡献型地方性专长的公众，带着相关性专长参与到具体的技术治理中，才能真正实现"扩展的事实"，才是一种有效率的知识生产实践，才能弥补专家系统的知识局限性。对于公众参与技术利益的公共协商来讲，那些与转基因技术有关的利益相关者参与进来，才能进行有效的协商并达成共识。因此，在转基因技术治理中，公众参与知识生产或利益协商不能简化地采取大多数人投票的方式，基切尔（Philip Kitcher）把这种方式称为"粗俗的民主"，在他看来，"如果让科学研究服从粗俗民主的标准，最有可能的后果便是无知者的暴政"①。

第二，公众专长应用的程度要适度。在转基因技术治理中，我们应该思考和协调：生活世界的经验性知识与科学世界的理性化知识、基于整体论思维的知识与基于还原论思维的知识以及感官知识的权威性和抽象知识的权威性之间的关系。倡导公民科学，重视公众专长的价值，但这并不是要否定专家专长的理性价值，"不是对传统的科学实践的挑战，也不与可靠的知识或专门的技能在它们的合理渊源方面可以被当作科学典范的主张相抵触"②；而是想指出，"现代科学不是唯一的知识，应在这种知识与其他知识体系和途径之间建立更密切的联系，以使它们相得益彰"③。产生于不同语境中的公众专长和专家专长代表着对世界的不同认知方式，具有各自不同的价值，因此两者不是一种取代关系，而是互补关系。可见，从技治主义走向技术民主，不是要彻底否定专家及其专长，而是要终结基于科学主义的专家主义。也就是说，不是反对专家本身和专家判断，而是反对专家的专断主义。在诸如转基因技术等新兴技术的治理中，我们需要的不再是绝对权威性专家，而是反身性专家（reflexive scientist）。在权威性专家时代，科学知识具有霸权性，公众只是作为科学知识的消费者而存在；在反身性专家时代，知识呈现出民主性、平等性和开放性，公众既是科学知识的消费者，也是科学知识的生产者，是知

---

① ［英］菲利普·基切尔：《科学、真理与民主》，胡志强等译，上海交通大学出版社 2015 年版，第 141 页。

② 福特沃兹、拉维茨：《后常规科学的兴起》（下），《国外社会科学》1995 年第 12 期。

③ 转引自肖显静《核电站决策中的科技专家：技治主义还是诚实代理人?》，《山东科技大学学报》（社会科学版）2011 年第 4 期。

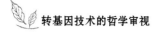

识共生机制的重要力量。

由此可见，我们既要看到走向公民科学具有必要性、重要性和可能性，又要看到公民科学本身的限度，由此，走向一种"负责任""适度"的公民科学具有合理性，这将利于实现转基因技术的良序治理。

第七章 预警原则：转基因技术治理的
一个重要原则

变革转基因技术治理理路需要实现的第二个范式转变是，推进转基因技术产业化政策走向预警式政策模式。对此，需要思考的问题是：预警原则是如何提出来的？其核心内涵和价值是什么？为什么预警原则应该成为转基因技术治理的一个重要原则？构建预警式转基因技术政策何以可能？本章将对这些问题进行深入探讨。

一 预警原则的提出与内涵

随着科学技术的发展，大量的技术人工物被制造出来。这一方面促进了工业文明的繁荣，极大地提高了公众的物质生活；另一方面又对生态环境造成了巨大破坏，严重损害了环境安全和公众健康。1962 年，卡逊（Rachel Carson）出版了著名的科普著作《寂静的春天》，唤醒了人们的环保意识，大家随之开始关注、思考和应对现代科技所导致的生态问题。由于生态系统的整体性、复杂性，因此一旦工业生产和人类生活产生了环境风险，那么事后进行补救和治理往往是比较困难的。这就启示我们在应对环境污染和治理环境风险上，先污染后治理的路径是低效率的，对此，需要进行一种理念和行为方式的革新。在此背景下，预警原则（precautionary principle）应运而生，可以说，这一原则就是为了保护环境、共同守护人类的美好家园而被提出来的。

国内学者们把 "precaution principle" 翻译为 "预警原则" "预防原则" "风险防范原则" 等；笔者认为把其翻译成 "预警原则" 更为合适。因为预警原则强调的是科学不确定性下的风险治理，此原则应对的不是现实化的风险而是潜在的风险，不是已有确定性的科学证据表明将发生的风险，而是在科学上具有不确定性的风险。而预防原则对应的英文应该是"preventive principle"，该原则是基于科学确定性下的一种风险治理。预警原则与预防原则具有本质性差异，前者克服了后者的缺陷，因而更具合理性。在以往的风险防范原则中，科学证据是采取行动的前提。而由于科学认识的有限性、风险的隐秘性和滞后性，当等到有确定性的科学证据显示已产生了对人类健康和环境的伤害性风险时再采取相应补救措施，往往为时已晚。因此，在传统的预防原则指导下，有关环境风险的决策和治理常常存在重大失误。

预警原则的理念最早可以追溯到德国的"vorsorgeprinzip"原则，它是20世纪70年代德国制定环境政策时所创立的一个原则。根据 vorsorgeprinzip 原则，对那些导致了"危险"（dangers）和那些仅仅导致了"风险"（risks）的人类行动要进行区别对待。危险是指一件具体的不利事件，而风险是指发生不利事件的可能性。在"危险"这种情况下，政府将采取有效的措施来制止这些行动；在"风险"这种情况下，政府则应该进行风险分析，并且如果认为实行预防性行动是恰当的，那么将采取相应的预防性措施。①

在1987年伦敦召开的保护北海第二次国际会议部长宣言中首次使用了 precautionary approach（预警措施）这一术语。该宣言指出：为了保护北海免遭最危险物质潜在的破坏性影响，采取预警措施具有必要性；采取行动控制此类物质排入北海，即使因果关系未被绝对清晰的科学证据所证明。1990年联合国欧洲经济委员会（ECE）在挪威卑尔根召开了可持续发展会议，该会议的部长宣言指出：为了实现可持续发展，政策的制定必须基于 precautionary principle（预警原则）；采取的环境措施必须对致使环境退化的原因有所预见、预防和应对；当存在严重的或不可逆的损害威胁时，不应该以缺乏充分的科学证据为由而延迟采取防止环境退化措施。这是"预警原则"首次明确出现在有关环境风险治理的国际文件中。

在这之后，预警原则成为一个被各种国际环境协定和环保组织普遍采纳的应对环境破坏的重要理念。"预警原则正越来越受到世界范围的关注，变成讨论关于风险、健康与环境等无数国际辩论的基础。"② 但是，对于

---

① Julian Morris, "Defining The Precautionary Principle", in Julian Morris, eds., *Rethinking Risk and The Precautionary Principle*, Boston: Butterworth – Heinemann, 2000, pp. 1 – 21.

② ［美］凯斯·R. 桑斯坦：《恐惧的规则——超越预防原则》，王爱民译，北京大学出版社 2011年版，第 3 页。

何谓预警原则，至今尚未有一个一致性的概念。"预警原则有二十多个定义，它们之间互不相容。"① 不过，从总体上看，对于预警原则的理解，存在着"强"预警原则和"弱"预警原则（也称"温和的"预警原则）两种倾向。

"强"预警原则的主要观点是，"要求当存在对他人或下一代健康或环境重要的风险，而对于损害的性质或风险存在科学上的不确定性时，除非（并在此之前）科学证据证明损害不会发生，应当作出决定制止从事此类活动"②。"强"预警原则存在较大问题：一是采取预防性措施的前提不是限于严重的、不可逆的伤害，易于把预警原则的应用边界扩大化以及与成本—收益原则产生激烈冲突；二是"要求证明不会发生损害，否则就要制止行动"也是不可取的，当今社会是风险社会，任何行为都可能产生伤害，关键要看这样的伤害是否在可承受范围之中，而且预警原则的本意是要在预警式评估下做出相应的反应，而不是"一刀切"地取消一些行动。"强"预警原则会导致过度防范，因此其受到了很大的质疑，遭到了激烈的反对，被认为不利于或减少了公众利益。桑斯坦认为：预警原则"前程暗淡"，因为它取消了人们生活得更舒适、更便利、更健康、更长久的技术和策略。③ 实际上，他的这种批判指向的是"强"预警原则版本。

"弱"预警原则延续着《保护北海第二次国际会议部长宣言》和《欧洲经济委员会卑尔根宣言》的理念。1992 年在巴西里约热内卢召开的联合国环境与发展大会的部长宣言（即"里约宣言"）指出：当存在严重的或不可逆的伤害时，不应该以缺乏充分的科学证据为理由而延迟采取符合成本—收益的措施来防止环境退化。2000 年，欧盟委员会发布的《关于预警原则的公告》指出，求助预警原则是基于这样的假设：来自一个现象、产品或过程的潜在危害性影响已经被察觉，但是科学评估未能完全确定地测定这个风险；开始实施预警原则时，应该要进行科学评估，并且应该尽可能地以科学评估

---

① ［美］凯斯·R. 桑斯坦：《恐惧的规则——超越预防原则》，王爱民译，北京大学出版社 2011 年版，第 15 页。

② ［美］凯斯·R. 桑斯坦：《恐惧的规则——超越预防原则》，王爱民译，北京大学出版社 2011 年版，第 17 页。

③ ［美］凯斯·R. 桑斯坦：《恐惧的规则——超越预防原则》，王爱民译，北京大学出版社 2011 年版，第 22 页。

的方式来确定每一阶段科学不确定性的程度。① 此外,"弱"预警原则理念在《联合国气候变化框架公约》《京都议定书》《联合国生物多样性公约》《卡塔赫纳生物安全议定书》等国际性协议中都得到了体现。

关于预警原则的两种理解可以简单地这样表述:"强"预警原则——除非能确定将没有伤害,否则不能采取行动;"弱"预警原则——科学确定性的缺失不是阻止采取预防性行动的理由。笔者赞成"弱"("温和的")预警原则,无特别说明,本书中涉及的预警原则都指的是此种意义上的预警原则。

关于预警原则的内涵,国外有一些学者专门作了具体的内在性研究,下面将对他们的观点进行概述和分析,并在此基础上对预警原则的核心内涵给出界定。

巴雷特认为预警原则包含5个要素②:(1)保护公共健康和环境是预警原则的首要目标。(2)鉴定潜在的风险,即当一项具体的技术或行动被认为有着潜在的(但还没有被证明的)危害时,预警式的决策过程需要有更加详细的步骤。(3)承认科学的不确定性。(4)尽管存在科学的不确定性,但要采取预防性的行动,这是预警原则的核心原则。(5)转移举证责任,要求有着潜在危险的技术开发者去证明要采取的这项行动是必需的以及不存在更加安全的替代性技术。他的此种解释的意义在于:第一,揭示了预警原则的核心价值观——为了维护公众的利益,这就解决了预警原则"为了什么"这个根本问题;第二,指出了预警原则是在进行一种认识论变革——传统的风险治理原则是基于实证主义认识论,即科学没有发现存在风险的证据则认为没有风险以及不采取相应的行动,而预警原则不是基于"确定的科学"而是"不确定的科学",不再把科学确定性作为采取预防性行动的理由;第三,指明了预警原则将要求实行举证责任倒置,这对某项行动支持者的行为进行有效规制具有积极意义,因为这就意味着"把保证安全与理解的责任和义务加给了生产者,而不是让潜在的受害者去承担提供关于伤害的证据的责任"③,而在以往公众需要付出巨大的努力去搜寻此项产品的有害证据来验证其风险的存在。

---

① Julian Morris, "Defining The Precautionary Principle", in Julian Morris, eds., *Rethinking Risk and The Precautionary Principle*, Boston: Butterworth – Heinemann, 2000, pp. 1 – 21.

② Katherine Barrett, *Applying The Precautionary Principle to Agricultural Biotechnology*, Windsor, ND: Science and Environmental Health Network, 2000, pp. 1 – 2.

③ Romeo F. Quijano, "Elements of Precautionary Principle", in Joel A. Tickner, eds., *Precaution, Environmrntal Science, and Preventive Public Policy*, Washington, DC: Island Press, 2003, pp. 21 – 27.

基亚诺（Romeo F. Quijano）认为预警原则还应该包括一个要素——需求所基于的基础。在他看来，很多产品并不是为了满足人类的具体需求，因此，预警原则要做的是，在允许产品投入市场之前和在它的整个生命周期内，要把针对产品的需求评估看作一个全面的和综合的风险评估模式的一部分。①

与以上学者们探讨预警原则的组成要素不同，奥布莱恩（Mary O'Brien）从预警原则的应用目的出发分析了预警原则的本质。在他看来，预警原则不仅应该被看成一个避免伤害的方式，更应该被看成一个维护公众健康和环境安全的积极路径。他根据预警原则的应用实践是基于伤害（harm-based）还是基于目标（goal-based），把其分为两类：一是伤害驱使（harm-driven）的预警原则；二是目标驱使（goal-driven）的预警原则。② 他的此种观点的意义在于，展现出了一个作为建设性的预警原则的形象。在目标驱使的预警原则实践中，不仅关注某项行为导致的潜在性伤害信息，而且关注由此带来的潜在性收益信息。因此，预警原则不仅通过应对不确定性风险的方式以保护公众免受严重的、不可逆的伤害，而且通过尽量抓住有关收益的方式以维护公众的健康和环境目标。蒂克纳（Joel Tickner）等也认为预警原则是一种积极的原则——不是禁止而是寻找更为合适的行动，也是一个民主和开放的原则③：（1）搜寻和评估替代性方案，即与其询问污染物在多大程度上是安全的或最经济的，预警原则宁愿要求去减少或消除危险，并且考虑实现这个目标的各种可能的方法，包括放弃原先提议采取的行动。（2）发展更加民主和完善的决策制定标准和方法。

哈格（Daniel Haag）等从实践层面出发，认为预警原则有四个维度：威胁维度、不确定性维度、行动维度、命令维度。④ 在他们看来，预警原则具有强制性，即如果存在严重的不确定性威胁，则必须采取某种预防性行动。这

---

① Romeo F. Quijano, "Elements of Precautionary Principle", in Joel A. Tickner, eds., *Precaution, Environmrntal Science, and Preventive Public Policy*, Washington, DC: Island Press, 2003, pp. 21 – 27.

② Mary O'Brien, "Science in The Service of Good: The Precautionary Principle and Positive Goals", in Joel A. Tickner, eds., *Precaution, Environmrntal Science, and Preventive Public Policy*, Washington, DC: Island Press, 2003, pp. 279 – 295.

③ Joel Tickner, Carolyn Raffensperger and Nancy Myers, *The Precautionary Principle in Action: A Handbook*, Windsor, ND: Science and Environmental Health Network, 1999, pp. 4 – 5.

④ Daniel Haag and Martin Kaupenjohann, "Parameters, Prediction, Post – Normal Science and the Precautionary Principle—A Roadmap for Modelling for Decision – Making", *Ecological Modelling*, Vol. 144, No. 1, 2001.

是预警原则具有"刚性"的一面。斯图尔特（Richard B. Stewart）对四个不同版本的预警原则所做的分析也体现了这一点。在斯图尔特对预警原则的理解中，不难发现，他把"强"预警原则称为禁止性预警原则（prohibitory PP）：存在不确定的潜在重大损害的行动应当予以禁止，除非该行动的倡导者能够证明这些行动不存在可感知的危害风险。① 而把"温和的"预警原则又分成三个层次，原则$_1$——非排除性的预警原则（Non - Preclusion PP）：对于存在重大伤害风险的行动，科学不确定性不应该成为排除规制的理由；原则$_2$——安全边际的预警原则（margin of safety PP）：规制措施应该包含一个安全边际，行动应该限制在尚未发现或者预见到任何不利影响的水准之下；原则$_3$——最佳可用技术的预警原则（best available technology PP）：存在不确定的重大潜在性伤害的行动，应该应用最佳可用技术来以使危害风险最小化。② 原则$_1$ 只是表明科学不确定性不能作为不采取预防性行动的理由，至于应该如何行动并没有做出强制性规制；原则$_2$ 则指出了采取的预防性规制措施必须形成一个安全边际，以便在这样一个安全边际中可以从事有关活动；而原则$_3$ 对采取的预防性措施提出了具体的、更具强制性的要求，即需要利用最佳可用技术来应对不确定性风险。可见，从原则$_1$ 到原则$_3$，预警原则的强制性在增加，其"刚性"在不断凸显。

而在预警原则的实际应用中，我们不仅要维护预警原则的"刚性"，也要使预警原则保持一定的"弹性"。也就是说，预警原则所应该采取的预防性规制措施应该具有语境差异性。斯蒂尔（Daniel Steel）对预警原则的解释有助于我们从认知维度和实践维度正确地理解和把握这一点。斯蒂尔认为，从认知层面上看，预警原则可以被解释为一个元规则，它对如何进行有关环境政策的决策施加一般性的约束；被解释为在具体政策选项中进行选择的一个决策规则；被解释为在一项新技术被认为是安全的之前需要满足的高标准证据的一个认识论规则。③

① Richard B. Stewart, "Environmental Regulatory Decision Making Under Uncertainty", in Timothy Swanson, eds. , *An Introduction to the Law and Economics of Environmental Policy*: *Issues in Institutional Design*, Oxford: Elsevier Science Ltd. , 2002, pp. 75 - 76.

② Richard B. Stewart, "Environmental Regulatory Decision Making Under Uncertainty", in Timothy Swanson, eds. , *An Introduction to the Law and Economics of Environmental Policy*: *Issues in Institutional Design*, Oxford: Elsevier Science Ltd. , 2002, pp. 75 - 76.

③ Dantel Steel, *Philosophy and The Precautionary Principle*: *Science*, *Evidence and Environmental Policy*, Cambridge: Cambridge University Press, 2015, p. 2.

在这里，作为元规则的预警原则主要是对环境决策做出一般性的程序性限制，如科学不确定性不应该成为面对严重环境威胁时无所作为的理由；作为决策规则的预警原则旨在具体指导环境政策的选择，如针对某个行动应该采取什么样预防性措施等；而作为认识论规则的预警原则是在表征如何看待风险以及如何对风险进行理性的分析和论证。因此，在斯蒂尔看来，从元规则、决策规则、认识论规则三个层次出发，才能对预警原则做出完整的解释，才能整体性地把握其内涵；而从某一个方面来理解，都将是片面的。不仅如此，他还从实践层面，提出了"三脚架"（tripod）原则和"相称性"（proportion-ality）原则来把握预警原则的"弹性"。"'三脚架'：这一术语是指在预警原则的任何应用中所涉及的知识情况、危害状况和被建议的预防措施。"[①] 他认为，应该采取这样的预警原则版本——根据特定的知识和伤害情况的表述能充分地论证采取特定预防措施的合理性。"三脚架"原则告诉我们，在预警原则的应用实践中，要综合考量知识情况、危害状况和预防措施三者的关系，采取针对性的、差异化的预防措施。也就是说，采取的预防性行动应该是具体化的、语境化的，而不是一般性的、绝对化的。"'相称性'：这指的是预防性措施的进攻性（aggressiveness）应该与威胁的严重性和可能性相对应。"[②] 在应用预警原则时，遵循"相称性"原则可以避免预防不足和过度预防的问题。

因此，可以肯定的是，预警原则是对后常规科学下的科学不确定性的一种应对回应。与实证主义科学观相信科学的确定性和可靠性不同，预警原则是基于不确定的科学和作为有限知行体系的科学。通过对学者们关于预警原则的多维度解释的梳理，笔者认为预警原则的核心内涵可以概括为：一是积极维护公众健康和环境安全；二是科学不确定性不是不采取预防性行动的理由；三是指涉的是重大的、不可逆的伤害；四是要求举证责任转移；五是不仅具有"刚性"，而且具有"弹性"，采取的预防性措施具有语境差异性；六是倡导开放性和民主化。

---

① Dantel Steel, *Philosophy and The Precautionary Principle：Science，Evidence and Environmental Policy*, Cambridge：Cambridge University Press, 2015, pp. 9 – 10.

② Dantel Steel, *Philosophy and The Precautionary Principle：Science, Evidence and Environmental Policy*, Cambridge：Cambridge University Press, 2015, p. 10.

二　预警原则的价值

学者们对预警原则往往会有不同的价值评价。"科学存在不完美性，因而在决策中存在这样一种附加的规范因素，即预警。它既能保护决策，又使其合法化。"[①] "在过去四分之一世纪以来，预警原则很可能是环境政策中最具创新性、前瞻性和重要性的新概念。它也可能是最鲁莽、武断和不明智的。"[②] 那么，我们应该如何评价预警原则的价值及其在风险治理中的作用呢？下面笔者将对此进行分析。

一些人认为"强"预警原则是非理性的，"弱"预警原则是"无用的"。在他们看来，如果预警原则声称不允许进行存在危害风险的行动，那么将是不合理的，因为其采取的一些预警措施本身也存在带来有害性后果的风险；如果预警原则仅仅要求完全确定性不是采取预防措施的先决条件，那么将是微不足道的，因为其并没有给出具体的规范性指导。不可否认，"强"预警原则存在较大的欠缺。由于它的过度预防，在杜绝风险的同时，也在损害收益。例如，如果完全禁止一切转基因作物的种植，那么会损害其可能带来的经济效益。因此，"强"预警原则会产生一种悖论：一方面，之所以应用预警原则是为了防止风险的产生而损害公众的利益；另一方面，采取的"刚性"预防措施又会阻碍那些增进公众利益的新技术的发展应用。

那么，"弱"（温和的）预警原则是不是真的一无是处呢？斯蒂尔把"弱"预警原则称为元预警原则（meta-precautionary principle，MPP）。在他看来，MPP 对制定什么样的政策所施加的一般性限制——科学不确定性不应成为在面临严重环境威胁时不采取预防措施的理由，对环境政策的规制具有规范性作用。他指出，MPP 反对以下两条规则：（1）只有在能够证明预防措施的预期收益大于预期成本时，才应该采取预防措施；（2）只有在确定能够防止威

① ［葡］安吉拉·吉马良斯·佩雷拉、［英］西尔维奥·芬特维兹：《为了政策的科学：新挑战与新机遇》，宋伟等译，上海交通大学出版社 2015 年版，第 4 页。

② Dantel Steel, *Philosophy and The Precautionary Principle*: Science, Evidence and Environmental Policy, Cambridge: Cambridge University Press, 2015, p. 1.

胁导致的伤害时，才应该采取预防措施。① 对于转基因技术来讲，由于科学认知的有限性，作为新生事物的转基因作物产业化种植后，很难评估其成本与收益情况，但是如果据此而不采取任何预防性措施，那么由于转基因技术的新颖性和特殊性，一旦其风险现实化了，则会带来重大的、不可逆的伤害。因此，MPP 反对以上第一条规则是合适的。同样地，转基因技术作为新兴技术，不仅很难评估其可能的未来影响，而且也很难评估所采取的预防性措施的实际效果，但是为此而不采取预防性行动显然也是不合理的。在这里，我们应该持有这样的价值观：做最坏的打算、进行最积极的行动、留下最小的遗憾。因此，MPP 反对以上第二条规则也是恰当的。

由此可见，"温和的"预警原则并不是微不足道的；相反，对于应对重大的不确定性风险具有显著的指导作用。而且，斯蒂尔提出的"三脚架"原则和"相称性"原则对于避免预警原则的"无用性"和"非理性"具有具体的、积极的规范性意义。在预警原则的应用实践中，需要对"三脚架"——伤害条件、知识条件、被建议的预防措施，进行综合考察、评价和权衡，以便制定和调整符合特定语境的以及"足够有效的但不过度的"预防性措施。"相称性"原则也是为了解决预警原则"要么显得微不足道，要么显得不理性"这一困境。这一原则是为了保证预防措施的"适度性"，避免预防不足或过度预防的出现。它要求根据科学不确定性与可能的严重性程度后果来校准预防措施，从而保证采取的相应预防措施的力度与潜在风险的危害程度相对等。斯蒂尔用一致性（consistency）和效率（efficiency）两个附属原则对"相称性"原则作了补充："一致性"要求预防性措施不能被用于证明其合理性的相同版本的预警原则所禁止；"效率"表明的是，在那些可以被推荐的预防措施中，应首选负面影响较小的预防措施。②

也有学者对预警原则进行了更为激进的批评。例如，桑斯坦把预警原则称为"恐惧的规则"。而且，他认为预警原则是瘫痪性的，对此，他给出了以下三个论证：

第一，预警原则具有内在不一致性，他指出："一个原因是，社会现实的

---

① Dantel Steel, *Philosophy and The Precautionary Principle：Science，Evidence and Environmental Policy*, Cambridge：Cambridge University Press, 2015, p. 21.

② Dantel Steel, *Philosophy and The Precautionary Principle：Science，Evidence and Environmental Policy*, Cambridge：Cambridge University Press, 2015, p. 199.

各个方面都存在风险，它禁止它所要求的所有措施，这样预警原则实际上未能提供指导。另一个原因是，意在控制潜在性风险的主动性措施，似乎是为预警原则所驱使，但这些措施与预警原则本身相冲突，因为每一个措施都会带来新的风险。"①

第二，预警原则会导致对风险的过度恐惧，进而产生不良的社会连锁反应和群体极化。在他看来，出现这种情况的原因在于："一是，获取性启发，使一些风险似乎特别可能发生，不管事实是否如此；二是，概率忽视，使人关注最坏的情况，即使它的可能性很小；三是，损失厌恶，使人们不喜欢失去现有的东西；四是，相信自然的仁慈，使人为的决策或人为工序似乎特别可疑；五是，系统性忽视，不能看到风险是系统的一部分，对这些系统的干预带来自身的风险。"②

第三，预警原则与成本—收益原则相冲突。他认为，成本—收益原则追求利益最大化，而在预警原则的应用实践中，预防性措施的实施在防范风险的同时，也会致使应有的"机会收益"丧失，而且预防性措施本身也是有成本的。

笔者认为，桑斯坦这种"预警原则无价值、具有瘫痪性"的观点是不恰当的，究其原因是：

第一，他把风险危害等同化是不对的。尽管当前是一个风险社会，风险无处不在、无时不有，但是风险危害具有差异性。预警原则不是为了防范所有的风险，而是为了应对那些潜在的、不可逆的重大伤害性风险。而且，他也没有区分预警原则的"强"和"弱"，他的批判实际上指向的是强版本的预警原则。对于"温和的"预警原则来讲，采取的预防性措施是多样化的，而不仅仅是"禁止""取消"等单一化的"刚性"措施。同时，预防性措施经过了预警式评估，其可能带来的风险在可承受范围之内，与这些措施要防范的那些重大风险不可同日而语，因此预防性行动并没有违背预警原则的初衷，由此，预警原则并非如桑斯坦所认为的那样没有指导作用。不仅如此，他也没有把握预警原则的本质，他提出要对预警原则进行重构，用所谓的

① ［美］凯斯·R. 桑斯坦：《恐惧的规则——超越预防原则》，王爱民译，北京大学出版社2011年版，第4页。

② ［美］凯斯·R. 桑斯坦：《恐惧的规则——超越预防原则》，王爱民译，北京大学出版社2011年版，第32页。

"预防灾害原则"进行取代以防范重大威胁，实际上这种思想的核心旨趣又回到了预警原则的本真内涵上，因为预警原则就是为了应对此种类型的风险。

第二，预警原则并不会引发公众对风险的过度反应，更不会助推风险恐惧的形成。相反，预警原则通过有效地、积极地防范诸如转基因技术等新兴技术的潜在性风险，以减少公众对技术的恐惧以及形成技术公信力。对于转基因技术风险来讲，尽管大多数风险当前并没有确定性的科学证据表明已经发生或未来会发生，但是仍然应该持有一种谨慎行事原则，需要保持这样的理念——安全比遗憾要好。因为转基因技术作为新兴技术，其风险具有潜在性、特殊性和不确定性，一旦现实化了就可能对人体健康和环境安全带来很大危害。

第三，他基于预警原则与成本—收益原则的冲突性而否定预警原则的价值也是不恰当的。对于转基因技术来讲，由于其潜在风险的新颖性、不可逆性和重大性，因此在采取技术规制措施时，风险应该优先于收益被考量，这符合预警原则内含的"防患于未然"的价值观。而且，需要注意的是，在预警原则下采取的预防性措施是具有"弹性"的，不是"一刀切"的。预警行动不是禁止性行为，因此，预警原则在防范技术风险的同时也在尽量抓住收益。而且，在可能的情况下，预警原则倡导尽量采取成本最小化和收益最大化的措施。可见，预警原则与成本—收益原则并非具有绝对的矛盾性。

在笔者看来，预警原则在应对不确定性风险上具有特殊价值，其蕴含的价值观，概括起来，主要体现在以下几个方面：

第一，谨慎行事原则。这是预警原则所遵循的最基本规范。在传统的风险评估中，不确定性被当作可怀疑的理由，与此不同，在预警原则中，持有一种更加审慎的科学态度，以技术的有罪推定为前提，不确定性被认为是一种潜在的威胁。

第二，风险优先于收益被考量。预警原则具有明显的公众利益导向性，"公众健康是预警原则最主要关注的对象。有关健康和一个有益于健康的环境这个基本的人权要优先于经济和财产权。"[1] 因此，预警原则的核心价值观是，当可能存在严重的或不可逆的风险情况下，不应当以缺乏充分的科学证据或

---

[1] Romeo F. Quijano, "Elements of Precautionary Principle", in Joel A. Tickner, eds., *Precaution, Environmrntal Science, and Preventive Public Policy*, Washington, DC: Island Press, 2003, pp. 21-27.

某些因果关系没有完全科学地建立起来为理由，推迟或不采取相应的预防性措施。

第三，事先防范而不是事后补救。这是预警原则在应对不确定性风险上能有所作为的重要保证。预警原则倡导这样的价值观：采取预防性行动不是在风险产生之后，也不是在获取有关风险可能发生的确凿性科学证据之后。因为等待在科学上确定重大伤害性风险发生的因果关系会太久，而一旦此种风险现实化了，再采取行动进行事后补救可能就无济于事了。因此，"预警原则的应用需要从诉诸科学先验的反应性实践转变为预防性行动"①。如此一来，在面对某项技术可能对人类健康和环境造成严重危害时，预警原则可以应对不确定性，以及由此导致的风险治理的延误。

第四，安全比遗憾更重要。对预警原则价值的辩护要从道义论而不是后果论出发，即要看道德行为的动机而不是道德行为的后果。转基因技术对人类健康和环境产生的伤害，属于一种可能性事件，但是预警原则依然要求采取预防性行动。在这里，预警原则是在推崇这样一种价值观：在科学不确定性下，面对严重的、不可逆的风险，应该积极地行动起来以保证安全，以免事后产生遗憾。也就是说，应用预警原则的合理性在于"为了防患于未然"，而不是在于"绝对地产生实际效果"。面对转基因技术等新兴技术的风险，应用预警原则宁愿产生"积极误报"——认为有风险但实际上风险没有产生，也要防止"消极误报"——认为是安全的但实际上产生了风险。预警原则的应用是要建立"安全边际"，从而保护公众免受可能存在的风险的伤害。

第五，与成本—收益原则需求协调。尽管在预警原则的价值观中风险优先于收益被考量，但是需要指出的是，如果说"伤害驱使的预警原则"只关注如何消除风险，那么"目标驱使的预警原则"则不仅关注如何消除风险，而且还关注如何获取收益，由此，采取的预防措施会更具"弹性"和合理性。避免伤害是一种消极性的预警原则，而获取正面目标是一种积极性的预警原则，在此种理念中，不仅要努力采取预防性行动来消除伤害性后果，同时也应尽力寻求获取收益的可能路径。

---

① Anne Ingeborg Myhr and Terje Traavik, "The Precautionary Principle: Scientific Uncertainty and Omitted Research in The Context of GMO Use and Release", *Journal of Agricultural and Environmental Ethics*, Vol. 15, No. 1, 2002.

因此，预警原则就是为了防范那些小概率事件的重大风险。公众不愿意承担这样的风险。因为尽管这样的风险的发生是小概率的，但是一旦发生了，那么将会带来不可挽回的重大损失。预警原则强调的是防微杜渐、未雨绸缪和在源头上就优先给予防范和纠正。简单地讲，不确定性、潜在的不可逆的严重伤害是应用预警原则的两个前提（适用条件）。

需要指出的是，预警原则最早是为了应对传统的不确定性环境风险而被提出来的。但是，转基因技术作为新兴技术，具有高度的不确定性。这既体现在收益上，更体现在风险上。因此，笔者认为，根据预警原则内涵和价值，以及结合转基因技术的特征，把预警原则应用到转基因技术导致的环境、健康风险的治理中，显得非常有必要。接下来，将具体分析在转基因技术治理中应用预警原则的重要性以及构建预警式转基因技术政策的合理性。

三　构建预警式转基因技术政策的合理性

正如本书第四章指出的，走向负责任的转基因技术治理，不仅需要实现转基因技术评价和决策机制范式的转变，而且还需要推进实现转基因技术产业化政策范式的转变。我们需要清楚，制定一个恰当的转基因技术产业化政策对于转基因技术的"善治"非常重要。因为即使改变了转基因技术评价和决策机制，由于转基因技术的后常规科学特征，不确定性很高，因此转基因技术的评价和决策依旧不可能做出完全正确的结论。不仅如此，而且即使评价和决策是正确的，但是由于转基因技术的特殊性以及生态环境的复杂性和人体生理特征的差异性，转基因技术的产业化推广依旧可能会出现不确定性因素以及产生不确定性后果。如此一来，就需要由具体的产业化政策对转基因技术的推广进行规制、校准。

帕尔伯格指出主要存在四种转基因技术产业化政策模式。那么为什么鼓励式的、禁止式的、允许式的转基因技术政策不可行，但是转向预警式的转基因技术政策具有合理性呢？下面将对此展开具体分析。

（一）鼓励式、禁止式转基因技术政策：顾此失彼

鼓励式的转基因技术政策看到了该技术的潜在性收益，因而不进行风险评价和考量，就加快推进该技术的产业化推广。如果转基因技术不产生风险

或只产生少量的、可以承受的风险，那么该政策模式就是合理的，否则就是不合理的。

由于转基因作物从实验室中研发出来之后，进行产业化推广，需要种植在复杂的自然环境中，因此转基因技术面临的第一个问题是，与自然环境的不相容性，即转基因技术风险首先体现在环境风险上。这样的风险具体表现为：

首先，转基因作物的种植可能会产生"超级杂草"。出现这种情况有两种可能性：转基因作物本身成为"超级杂草"，"转基因植物通过基因工程手段可潜在提高其生存能力从而可能成为入侵性杂草。理论上许多性状的改变都可能增加转基因植物杂草化趋势"；① 发生基因污染致使其他作物变成"超级杂草"，"一些导入的外源基因，如抗虫、抗病、抗旱、抗盐碱和抗草剂等基因一旦逃逸到野生近缘种和杂草类型并按一定率被固定下来，很可能使这些野生种的适合度大大增强，变成难以控制的杂草，带来生态上较大的危害"。②

其次，转基因作物的种植可能会产生"超级害虫"。抗虫转基因作物的 Bt 基因在作物体内会持续表达，使得害虫遇到的毒素始终在一个较高的水平，因此，随着此种转基因作物的长期、大规模推广，那么害虫就会对 Bt 毒素蛋白产生抗性。"Bt 作物的普遍推广，有可能导致几种可抗 Bt 生物杀虫药的主要害虫的猖獗。这可能迫使农民施用有公害的化学杀虫药来防治这些害虫。"③

再次，转基因作物的种植可能会破坏生物多样性。生物多样性对于保持整个生态系统的动态平衡和可持续发展，有着十分重要的意义。但是，过度种植单一化的转基因作物会影响生物多样性，"转基因作物作为外来品种进入自然生态系统，可能影响植物基因库的遗传结构，致使物种呈单一化趋势，导致生物多样性的丧失"④。而且，转基因作物种植中可能出现的基因污染也会影响生物多样性，"随着转基因植物不断释放，大量转基因漂移进入野生植物基因库，进而扩散开来，可能会影响基因库的遗传结构，给生物多样性造成危害"⑤。

① 张永军等：《转基因植物的生态风险》，《生态学报》2002 年第 11 期。
② 卢宝荣等：《转基因的逃逸及生态风险》，《应用生态学报》2003 年第 6 期。
③ Philip J. Dale 等：《转基因作物对环境的潜在影响》，汪开治编译，《生物技术通报》2004 年第 2 期。
④ 汪海珍：《转基因作物对生态安全的挑战及对策》，《生态经济》2005 年第 8 期。
⑤ 张永军等：《转基因植物的生态风险》，《生态学报》2002 年第 11 期。

最后，转基因作物的种植可能会产生二次生态影响。这主要是指对非目标物种的伤害，"转基因作物杀虫性能太强导致除杀死目标靶虫之外的昆虫"[①]，和对土壤生态系统的影响，"Bt 植物在整个生活史中均可从根部溢泌出 Bt 毒素。同时，这种毒素也可以从作物采收后的残余部分中释入土壤"[②]。

不仅如此，转基因产品中的很大一部分会以直接或间接的方式进入人类的食物链中，因此转基因技术面临的第二个问题是，与人体环境的不相容性，即转基因技术风险还体现在健康风险上。这样的风险主要表现为：

其一，转基因食品可能具有潜在毒性。在转基因食品中，如果转入的外源基因本身或外源基因表达的蛋白具有毒性，那么就会导致人体出现中毒。此外，由于外源基因的插入，可能使得受体作物出现基因突变而产生有毒物质，或者可能会导致基因失活或表达改变，致使一些原本编码天然毒素的基因产生毒性，"基因受体在长期进化或驯化过程中逐渐'沉默'的毒素基因可能会被转基因或基因操作再次激活，进而可能表达具有毒性的非预期成分"[③]，从而对人体产生毒害作用。

其二，转基因食品可能会产生过敏性。转基因食品导致人体产生过敏反应的原因是：在转基因过程中，可能将供体过敏原转入受体作物中；目的基因转入受体作物后，可能会导致出现基因突变，从而致使生物体中原来不表达的致敏成分基因发生表达或使其表达量提高，从而增加了某种新的致敏成分或改变了原有致敏原的含量。[④]

其三，转基因食品可能会改变食物营养成分。在转基因食品产生过程中，由于外源基因的插入，在实现预期目标（例如增加 β - 胡萝卜素）的同时，也可能会出现非预期效应，"外源基因的来源、导入位点的不同和随机性，极有可能产生基因缺失、错码等突变，使所表达的蛋白质产物的性状、数量及部位与期望不符"[⑤]，从而可能会导致食品中某些营养成分的减少或营养组成的改变等。

---

① 葛大兵等：《转基因作物生态环境影响分析》，《农业环境与发展》2004 年第 2 期。
② 参见 Philip J. Dale 等《转基因作物对环境的潜在影响》，汪开治编译，《生物技术通报》2004 年第 2 期。
③ 李宁：《转基因食品的食用安全性评价》，《毒理学杂志》2005 年第 2 期。
④ 邓平建：《转基因食品致敏性检验和评价技术》，《中国公共卫生》2004 年第 1 期。
⑤ 连丽君等：《转基因食品安全性的争论与事实》，《食品与药品》2006 年第 11A 期。

其四，转基因食品可能会导致人体产生抗生素抗性。在转基因过程中，转入目标生物体的外源基因包括目的基因和标记基因。标记基因（包括选择标记基因及报告基因）用于帮助在作物遗传转化中筛选和鉴定转化的细胞、组织和再生植株，选择标记基因主要有抗生素抗性基因和除草剂抗性基因等，其中用得最多的是抗生素抗性标记基因。[①] 由于外源基因可能会发生水平转移，如此，抗生素抗性基因就有可能会转移到人体肠道微生物中，从而可能导致的结果是"抗生素抗性基因编码的蛋白质可以改变抗生素的分子结构，使得抗生素失效"[②]。

尽管并没有绝对确凿的科学证据表明以上这些风险都会发生，甚至对这些风险是否会发生还存在科学上的争论。但是，从哲学的角度看，转基因技术与传统育种技术具有本质性差异，具有极高的"非自然性"，由此，转基因技术潜在着不可忽视的风险。因此，转基因技术蕴含的环境风险、健康风险不可小视，因为它们一旦现实化，那么将会对环境安全和人体健康产生严重性伤害。所以，鼓励式转基因技术政策走向了一种极端：只看到了潜在的收益，盲目地推进转基因技术产业化，而完全不顾及可能的风险，这是不可行的。

禁止式的转基因技术政策由于看到了转基因技术的特殊性，害怕其可能的风险会带来重大伤害。因此，该政策模式试图完全阻断转基因技术的产业化推广，"对新的转基因作物品种不进行生物安全检查，而仅仅基于转基因作物的新颖性，就简单地拒绝转基因作物的种植和进入市场"[③]。如果转基因技术没有任何收益，那么此种政策模式就是可行的。可是实际情况如何呢？

一方面，转基因技术风险具有差异性。转基因作物所转基因跨越物种界限的差异性导致转基因作物"非自然性"的不同，从而致使其环境、健康风险也呈现出差异性。因此，可以根据转基因技术风险水平的不同，制定差异化的规制措施。

另一方面，转基因技术还具有一定的潜在性收益。具体体现在以下几个方面：

---

① 贾士荣：《转基因植物食品中标记基因的安全性评价》，《中国农业科学》1997 年第 2 期。

② 沈平、黄昆仑：《国际转基因生物食用安全检测及其标准化》，中国物资出版社 2010 年版，第 17—18 页。

③ Robert L. Parlberg, *The Politics of Precaution: Genetically Modified Crops in Developing Countries*, Baltimore and London: The JohnsHopkins University Press, 2001, p.24.

一是经济效益。在一些人看来，随着转基因技术的进步，其在革新传统农业、促进农业产业升级等方面具有较大的潜力，"转基因技术正在引发一场新的农业革命"①。转基因技术可以开发出具有良好农艺性状的作物品种，改善作物品性，从而可以提高农产品的竞争力。

二是政治效益。一些学者认为，通过传统的方式，在提高粮食产量上面临着瓶颈，而利用现代科技手段，尤其是新的育种技术——转基因技术，可以增加粮食产量，解决粮食危机，"转基因技术是保障粮食安全的战略选择。"②

三是健康效益。在未来，转基因技术可以有目的、有针对性地把一些利于人体健康的作物特性和因素加入目标作物中，而把一些不利于人体健康的作物特性和因素从目标作物中去除。因此，有人认为具有输出性性状的第二代转基因作物在产生健康收益上具有一定的前景。

可见，与鼓励式的转基因技术政策相反，禁止式的政策模式走向了另一个极端，仅仅为了防范潜在性风险，而完全阻塞转基因技术的产业化推广。因此，这种政策模式没有看到转基因技术风险的差异性，而且完全无视转基因技术的潜在性收益，也是不恰当的。总之，鼓励式、禁止式转基因技术政策都顾此失彼，具有不合理性。

（二）允许式转基因技术政策：未能应对不确定性风险

允许式转基因技术政策是中立的，把转基因技术同传统育种技术一样对待，对其产业化推广没有进行刻意的规制。如果转基因技术没有新颖性、转基因技术风险没有特殊性，那么适用于杂交技术等传统育种技术的风险认识论和风险评价、治理措施等也将是有效的，如此，此种政策模式就是合理的。那么，事实果真如此吗？

正如本书第一章指出的，从本体论的视角看，转基因技术与传统育种技术具有本质性差异。具体表现为：从亚里士多德"四因说"视角看，传统育种技术培育的作物依旧保留着不少内在的本性，而转基因技术培育的作物的本性主要是由人类外在赋予的；基于海德格尔技术思想的追问发现，与传统育种技术不同，转基因技术具有"强"促逼和"硬"座架特征；从克克李的

---

① 杨焕明：《转基因：一场新的"农业革命"》，《中国科技奖励》2010 年第 4 期。
② 蒋建科、丁洁：《中国农业科学院生物技术研究所黄大昉研究员——转基因技术事关粮食安全》，《人民日报》2008 年 11 月 27 日第 14 版。

"深"技术思想角度看，相比于传统育种技术，转基因技术具有"深"技术的本质特征。

由此可见，转基因技术具有新颖性。一些科学家把转基因技术看成与传统育种技术是一脉相承的———一种特殊的"杂交"，是不恰当的。如此一来，转基因技术的新颖性就意味着其可能蕴含着特殊性风险。不仅如此，生物的基因调控系统十分复杂，远远超出了科学家们的预想，转基因技术远非完美，并不是"精确的"科学，存在着很大的非精准性和非预期性，而这势必意味着可能会产生不可预测的风险。

可见，转基因技术风险不仅具有特殊性，而且呈现出不确定性。风险成为发生伤害的一种可能性。确定性风险指的是，在某项行动中可能产生哪些结果是可知的，尽管不知道具体哪个结果会产生，而且通过科学的评估方法可以对风险的发生概率、危害程度进行量化。但是，对于不确定性风险来讲，只知道可能存在风险，但是至于这样的风险是否会真的发生，以及发生的概率、危害程度等，都难以准确地进行测算。

允许式转基因技术政策对风险的认知和治理，遵循的是传统风险防范原则，而这一原则是基于实证主义科学观和可靠科学观。从实证主义科学观出发，对转基因技术风险的评价采取的是"实证等同性原则"———把转基因作物的成分与传统作物的成分进行比较，这种还原论式评价是基于产品本身（product-based），而忽视了转基因过程的新颖性，从而无法认识到转基因技术的特殊性风险。可靠科学观认为目前的科学水平没有发现风险，就是没有风险，由此，将无法认识到转基因技术的潜在性风险。可见，允许式转基因技术政策在转基因技术风险认知上存在不足，而且在其风险治理上更是存在重大欠缺。因为这一政策模式把科学确定性作为行动（采取预防性措施）的理由，而这种事后补救式的风险治理路径无法应对转基因技术的不确定性风险。下面以转基因技术环境风险为例进行分析。

转基因技术环境风险具有时滞性。转基因作物一开始往往没有任何迹象，也没有任何预兆表明其对环境产生了不良影响，所以在短期内很难监测到转基因作物所引起的生态系统问题。但随着时间的推移，转基因作物潜在的安全性问题就会逐渐暴露出来。"转基因作物的要害就是，它会引起生态环境的蠕变，即自然生态环境受到人为干扰和胁迫之后，会在不知不觉中发生缓慢的悄悄变化；当人们察觉和认知之时，自然生态环境已在组成、结构、机制和功能上变得无法或很难修复，已成为不可逆的演化和变异。"① 时滞性特征表明转基因技术环境风险具有较大的隐秘性，很难被察觉、认识和捕捉，这就为风险扩大创造了条件。由此，当前科学没有发现转基因技术环境风险，并不表明其真的没有风险；而一旦等到转基因技术环境风险发生了或者风险发生的因果关系有了确定性科学证据后，再去防范、治理这种风险，那么就可能为时已晚了。

转基因技术环境风险具有级联性。转基因作物具有活性，它能够在生态环境中定居、建群和繁衍，这就致使其对生态系统的影响不断地积累，从而发生级联效应，即前一次影响可能会引发一系列的反应，而后者又将前者的影响进一步扩大。转基因作物能够侵入非农作物栖息地上的物种，最终可能会导致区域植物组成的改变，生物多样性的降低，甚至使原来的物种遭到灭绝，这种现象产生的结果是一些物种种群数目下降，继而可能会引发一系列的链式反应，还会影响到原先以植物为食物的昆虫、以这些昆虫为食物的鸟类或其他动物，以及那些依赖于被取代植物的微生物分布。② 也就是说，"转基因作物除了本身直接的生态学效应外，还会引起间接生态学效应，即它们进入自然界（如农业生态系统）后可能会导致'小环境'的变化（田间管理，如除草剂和杀虫剂使用措施的改变），环境的变化也可能会影响到生态系统内的生物多样性及其他生物的种群动态"③。而且，转基因技术环境风险还具有扩张性，"生物繁殖的本质就是基因复制。天然生物种中被强制掺入的人工重组的基因，可随被污染生物的繁殖而得到增殖，再随被污染生物的传播而发生扩散。因此，基因污染是一种非常特殊又非常危险的环境污染"④。所以，转基因技术环境风险一旦现实化，那么将是长期的——不会随着时间的推移而减弱，以及不可逆的——随着生物的繁殖而不断扩大。如此，转基因技术环境风险将可能不是小范围的，而是大范围的；不是局部的，而是整体性的，可能会对整个生态系统产生极其深远的伤害。

由此可见，转基因技术作为"深"技术以及具有"高非自然性"的技术，与传统育种技术具有本质性差异，此项技术具有新颖性，因此，转基因

---

① 曾北危：《转基因生物安全》，化学工业出版社 2004 年版，第 113 页。

② 陈英明等：《转基因植物的生态影响》，《湖北大学学报》（自然科学版）2002 年第 3 期。

③ 魏伟等：《GMOs：生态学研究中的新热点》，《科学通报》2003 年第 17 期。

④ 张振钿等：《基因污染与生态环境安全》，《生态环境》2005 年第 6 期。

技术风险具有特殊性，而且转基因技术风险是一种高度不确定性的风险。如此一来，允许式政策模式像对待和处置传统育种技术及其风险那样对待转基因技术及其风险，没有采取针对性、特殊的事先防范措施，可能会导致重大的、不可逆的风险发生，从而会对人体健康和环境安全带来严重伤害。因此，允许式的转基因技术政策未能应对转基因技术的不确定性风险，存在较大的局限性，具有不合理性。

（三）走向预警式转基因技术政策的必要性和可行性

预警式转基因技术政策以预警原则为核心指导理念，在转基因技术的产业化推广上持谨慎态度。此种政策模式的合理性何在呢？

1. 转基因技术风险特征与引入预警原则的必要性

确定性是近代科学所追求的目标。近代科学试图通过探寻自然的规律性来找到事物之间因果联系的必然性。但是，随着科学的发展以及新兴技术的兴起，不确定性不断凸显出来。可以说，不确定性揭示了当代科学知识的一个根本特征。[1] 转基因技术风险具有显著的不确定性。一是体现为由其内在不确定性导致的后果（影响）的不确定性。二是表现为风险认知的不确定性：风险发生的概率缺少确定性的科学预测；风险的可能伤害程度难以进行确定的科学界定；根据经验判断会发生风险（或者实际上风险已经产生了），但是缺少科学证据；风险产生的因果关系缺少确定性的科学认知。三是表现为风险评价的不确定性：小范围试验下获得的观测资料并不能用来推断释放到大自然这个大环境的情况；封闭系统下的控制性试验不能充分预测开放系统下产业化种植的复杂情况；短时间内试验获得的数据并不能代表长时间种植的情况。

而转基因技术的不确定性风险一旦现实化，又将可能带来严重的、不可逆的伤害，这与转基因技术的"深"技术本质和"高"非自然性密切相关。作为"深"技术的转基因技术对自然物种是一种"强"促逼，消除了物种障碍，颠覆了自然进化规律，从而实现了"强"控制，由此形成的转基因作物的质料因、形式因、动力因、目的因都是由人类激发和操控。这样一来，转基因作物具有极高的"人工性"和极高的"非自然性"。而如此"不自然"

---

① 吴国林：《论知识的不确定性》，《学习与探索》2002 年第 1 期。

的转基因作物与自然环境和人体环境会产生更大的不相容性，因而相互就可能会产生更大的冲突，从而也就可能会对环境安全和人体健康产生更大的损害性。

可见，转基因技术风险具有两大显著特征：不确定性和不可逆的重大伤害性。而且，需要注意的是，我们对一些转基因技术风险的认识还处于"无知"（ignorance）状态。"这指的是这样的情形：我们甚至不知道要寻找何种风险。这是完全意想不到的和无先例的危险的偶然性。"[1] 而预警原则的提出就是为了应对不确定的、不可逆的重大风险。因此，在转基因技术治理中需要引入预警原则。

第一，从认识论上看，预警原则克服了传统风险评估的不足，能正确对待转基因技术的不确定性风险。传统风险评估主要关注的问题是，"多大的危害是我们愿意接受的？怎么样的安全算是足够的安全？"[2] 这样的风险评估是建立在确定性基础之上，风险发生的因果关系明确，风险发生的概率、危害程度明确，"风险评价适用于技术过程和参数都有明确定义的情况，利用可以被量化的因素进行分析"[3]。传统的风险评估模式忽视了转基因技术风险的不确定性，存在较大欠缺，"风险评价在'可接受的风险'掩盖下允许危险的行动继续进行：风险评价在安全或可以接受的假定之下，允许引起更多污染和健康危害的行为继续进行。以不确定和不充足的证据为理由，风险评价事实上延迟了采取约束的措施和行为"[4]。而预警原则会考虑由于转基因技术的新颖性而导致的新问题，"基因工程使我们失去了什么？转基因农作物是否在农业中扮演着一个独一无二以及必须的角色？基因工程声称将解决什么趋势或问题，基因工程将可能使得什么问题永远存在？"[5] 以及能主动反思在转基因技术风险认识中的有限性，"关于潜在的危害和利益，我们有什么证据？我们为什么不能有更多的证据？哪些问题我们还没有找到答案，为什么？哪些问

① Katherine Barrett, *Applying The Precautionary Principle to Agricultural Biotechnology*, Windsor, ND: Science and Environmental Health Network, 2000, p. 15.

② Katherine Barrett, *Applying The Precautionary Principle to Agricultural Biotechnology*, Windsor, ND: Science and Environmental Health Network, 2000, p. 9.

③ 马缨：《科技研究管理与风险预防原则》，《科技管理研究》2005 年第 10 期。

④ 马缨：《科技研究管理与风险预防原则》，《科技管理研究》2005 年第 10 期。

⑤ Katherine Barrett, *Applying The Precautionary Principle to Agricultural Biotechnology*, Windsor, ND: Science and Environmental Health Network, 2000, p. 9.

题不可能找到答案？"①而且能积极关注转基因技术的特殊性而引发的不确定性风险，并将此看成一种威胁，"传统的风险评估范式常常把证据的缺失看作缺失（伤害）的证据，而预警原则把证据的缺失看作非缺失（伤害）的证据"②。

第二，从风险评价主体看，预警原则倡导开放性和民主化，利于正确评价转基因技术的不确定性风险。"常规科学设置了质量和有效性的共同标准，但是在认知不确定性下，质量和有效性成为了一个争议性问题。"③ 对具有高度不确定性的转基因技术风险评估，需要从封闭走向开放，从仅仅依靠科学共同体走向公众参与以及科学与社会的互动。首先，预警原则要求信息未被限制（information unrestricted），公众可以获取相关信息，"风险评估范式为了保护公司的专有权而认同信息的机密性，但是预警原则的应用要求有关潜在威胁的评价信息完全公开并且容易获取"④。其次，预警原则主张风险评估不是精英科学家独占的领域，不应该由有限的内部人员来执行，而应该走向民主化——公众不仅有权看到风险评估的结果，而且应该参与风险评估的过程。公众参与转基因技术风险评估，不仅利于建构公众对技术的信任，而且更重要的是，"开放的（opening）风险评估可以确保全面地考虑这些经常在健康和环境风险（与新技术有关）评估和鉴定中出现的不确定性的问题"⑤。近代科学寻求普遍性和控制世界，这就与独立性语境（context-independence）相关联，即从自然界中抽象出知识和信息，但是，归属于后常规科学范式的转基因技术治理的知识生产不再从普遍意义上定义可靠的知识，而是与特定语境（particular context）联系在一起。这样，知识的社会语境化意味着知识的可靠

① Katherine Barrett, *Applying The Precautionary Principle to Agricultural Biotechnology*, Windsor, ND: Science and Environmental Health Network, 2000, pp. 14 - 15.

② Romeo F. Quijano, "Elements of Precautionary Principle", in Joel A. Tickner, eds., *Precaution, Environmrntal Science, and Preventive Public Policy*, Washington, DC: Island Press, 2003, pp. 21 - 27.

③ Daniel Haag and Martin Kaupenjohann, "Parameters, Prediction, Post - Normal Science and the Precautionary Principle—A Roadmap for Modelling for Decision - Making", *Ecological Modelling*, Vol. 144, No. 1, 2001.

④ Romeo F. Quijano, "Elements of Precautionary Principle", in Joel A. Tickner, eds., *Precaution, Environmrntal Science, and Preventive Public Policy*, Washington, DC: Island Press, 2003, pp. 21 - 27.

⑤ Jacqueline Peel, "Precautionary Only in Name?" in Elizabeth Fisher, Judith Jones and René von Schomberg, eds., *Implementing The Precautionary Principle: Perspectives and Prospects*, Cheltenham: Edward Elgar Publishing, 2006, p. 203.

性不再是在抽象层面上，而是在非常具体和地方性（local）的情形中被检
验。① 因此，面对复杂的、难处理的转基因技术不确定性，科学家对其环境风
险和健康风险的评估凸显出较大的局限性，而公众参与风险评估可以弥补这
种局限性。因为公众拥有的具体的源于生活实践的经验和感悟可以作为抽象
的理性知识的一个重要补充。在转基因技术的风险评估中，公众的语境性和
地方性知识可以促使不确定性能被更为"恰当地""充分地""有意义地"考
虑。可见，预警原则在应对转基因技术不确定性风险上，不是停留在名义上
或概念上的，而是具有本质性的、实践性的价值。因此，当面对转基因技术
影响的信息不完整性和科学的不确定性以及公众对科学家不信任时，应该采
取预警原则。②

第三，从风险治理实践看，预警原则能有效应对转基因技术的不确定性
风险。转基因技术风险直接关系到公众的健康和环境安全，而预警原则把维
护公众利益放在首位。预警原则强调科学不确定性下仍要有所作为和举证责
任转移，这样就可以杜绝严重的、不可逆的转基因技术风险的出现。预警原
则的应用是基于转基因过程的特殊性，而不是转基因产品本身，因此在转基
因技术风险治理中，其反对采用"实质等同原则"，"实质等同原则与预警原
则的使用相违背"③，而主张充分重视科学的不确定性，"其试图说明，科学
并不能永远扮演提供第一手资料以有效保护环境的角色，过度依赖科学证据
可能会适得其反"④。由此，在转基因技术风险的治理实践中，预警原则奉行
谨慎行事原则和事先预防原则，考虑到转基因技术的风险特殊性，认为不能
将科学不确定性作为不采取或延缓采取行动的理由，如此，与传统的风险防
范原则不同，预警原则不再是等到那种严重的破坏已由迹象或者等到有明确
的科学证据表明风险将会发生之后才采取风险减少或预防措施，而是在科学
不确定性下，就积极地采取预防性行动。可见，预警原则代表了一种新的看

① Daniel Haag and Martin Kaupenjohann, "Parameters, Prediction, Post – Normal Science and the Precautionary Principle—A Roadmap for Modelling for Decision – Making", *Ecological Modelling*, Vol. 144, No. 1, 2001.

② Anne Ingeborg Myhr and Terje Traavik, "Genetically Modified (GM) Crops: Precautionary Science and Conflicts of Interests", *Journal of Agricultural and Environmental Ethics*, Vol. 16, No. 3, 2003.

③ Anne Ingeborg Myhr and Terje Traavik, "Genetically Modified (GM) Crops: Precautionary Science and Conflicts of Interests", *Journal of Agricultural and Environmental Ethics*, Vol. 16, No. 3, 2003.

④ 史军：《气候变化科学不确定性的伦理解析》，《科学对社会的影响》2010 年第 4 期。

待和处理风险的思维理念和实践方式，"反映了人们在不确定环境中行动的智慧"①。而且，预警原则倡导举证责任倒置也具有重要意义。作为风险受害者的公众很难对转基因技术的不确定性风险找到相关证据，因此，基于技术的有罪推定，让技术的研发者和推广者去找到技术不存在重大风险的科学证据，可以对技术应用起到规制作用，以便对可能的技术风险进行防范。因此，在转基因技术治理中应用预警原则，可以避免或减少不确定的重大风险变成现实的可能性。

但是，有一种观点认为，预警原则是非理性的，例如"美国针对欧洲对预警原则的奉行进行了大范围的批评和谴责，认为欧洲拒绝把科学风险评估（scientific risk assessment）当作合法的标准，作为对不确定性的回应，这是一种在政治动机作用下的对智性严谨（intellectual rigor）的背离"②。这种批评是错误的，没有把握预警原则的核心内涵，更没有理解预警原则下的科学观。预警原则不是不要科学，而是认为应该以一种更加审慎的态度对待科学及其局限性。因此，预警原则对转基因技术不确定风险性的关注、重视和判断，不是一种盲目的、反科学的行为，"预警模式下的评估过程不是仅仅基于纯粹的推测和没有事实根据的恐惧的一个武断的程序"③。预警原则不是基于确定性的科学，而是考虑到了科学的不完备性，旨在克服科学的局限性及其造成的不良后果，它的积极目标是维护公众的利益，因此预警理念实际上是一种服务于"善"的科学。

可见，在转基因技术治理中引入预警原则，建构预警式的转基因技术政策具有必要性。我们应该要从认知和实践两个维度来把握和执行预警原则的内涵和价值。接着，需要进一步追问的是，在转基因技术具体规制中，遵循预警原则何以可行呢？

2. "温和的""适度的"预警原则符合转基因技术规制需要

那么，在转基因技术治理中，如何应用预警原则，才是一条可行的实践

---

① 赵正国：《科学的不确定性与我国公共政策决策机制的改进》，《山东科技大学学报》（社会科学版）2011年第3期。

② ［瑞士］萨拜因·马森、［德］彼德·魏因加：《专业知识的民主化：探求科学咨询的新模式》，姜江等译，上海交通大学出版社2010年版，第283页。

③ Romeo F. Quijano, "Elements of Precautionary Principle", in Joel A. Tickner, eds., *Precaution, Environmrntal Science, and Preventive Public Policy*, Washington, DC: Island Press, 2003, pp. 21 – 27.

路径，即才能够使得此原则成为一个能产生更多正面效应的积极原则，以及更加符合转基因技术规制的需要呢？

第一，在转基因技术治理中，遵循"温和的"预警原则具有可行性。"强"预警原则——除非有确凿的科学证据表明没有危害，否则就要禁止该行为——会扼杀一切新兴技术的创新以及阻断它们的发展和应用。因为科学知识的有限性，新兴技术的彻底创新性，不可能在短时间内完全把握新兴技术的特征及其影响。对于转基因技术来讲，不仅具有突出的影响力，而且也存在着严重的不确定性风险。因此，尽管面临科学不确定性，但是仍然要采取积极的风险预防措施。对此，我们可以应用"温和的"预警原则——科学不确定性不是无所作为的理由，以便积极吸收预警原则所蕴含的"风险优先于收益被考量""安全比遗憾更重要""谨慎行事原则"等价值，来有效应对转基因技术风险，同时并不放弃可能的技术收益，从而可以避免"强"预警原则所可能导致的"瘫痪"，进而实现对转基因技术的合理规制。

在"温和的"预警原则指导下，考虑到转基因技术风险的新颖性、转基因技术风险知识和评价方法的有限性、转基因技术风险治理的困难性，尽管存在科学不确定性，但仍然要有所作为。对此，在具体的技术规制中，一方面会谨慎对待转基因技术风险；另一方面将积极采取事先防范而不是事后补救式措施，以便未雨绸缪而不是亡羊补牢。为了在源头上杜绝和优先纠正不确定性风险，启动预警原则的流程一般是这样的：第一步，识别可能的威胁和描述问题的特征；第二步，确定关于威胁什么是可知的和什么是不可知的；第三步，对问题进行再组织从而描述出需要做什么；第四步，评估替代性方案；第五步，决定策略；第六步，监控和采取进一步的行动。① 同时，在转基因技术治理中，遵循"温和的"预警原则，将基于转基因过程的创新性，来看待和应对转基因技术风险，相应地，会把转基因技术同传统育种技术区别对待，并采取针对性的措施来规制转基因技术风险，例如，建立专门针对转基因技术的管理体系、评价机构以及安全评价的法规、标准、程序和方法等，如此，也就能够处置好转基因技术的特殊性风险和不确定性风险。

第二，在转基因技术治理中，走向"适度"预警原则具有可行性。预警

---

① Joel Tickner, Carolyn Raffensperger and Nancy Myers, *The Precautionary Principle in Action*：*A Handbook*，Windsor，ND：Science and Environmental Health Network，1999，p. 7.

原则在风险认知和风险治理两个层面具有积极价值。预警原则不仅使得我们对于潜在的、不可逆的重大风险有一个理性的认知，而且使得我们在面对科学不确定性时（风险发生的因果链条并不明确）可以采取积极的预防性行动以应对可能的风险。但是，在预警原则的具体实践中，人们担心出现应用的"泛化"和"刚性"问题，"对危险的估计过高，在风险避免的预防性政策上，有可能最终导致过度反应与过度控制"①。这种担忧不无道理。因为过度强化预警原则同过度弱化预警原则一样都是有害的。因此，在应用预警原则时，把握其"适度性"非常重要，以便在彰显预警原则价值的同时并能恰当地把握其应用边界和应用程度。

"适度"预警原则涉及两个方面：一方面，适用范围（领域）有边界。预警原则的应用将设立一定的"门槛"，即风险阈限标准（阈值），而且不会太低，否则可能造成应用的"泛化"。预警原则不是要应对所有的风险，而只是对那些不确定的重大危害性风险的一种积极响应。而且，对此种风险的判断不是完全基于一种纯粹性推测，而是根据初步的科学研究表明可能会发生风险或者根据经验判断（例如某项行为违背了自然规律）发现存在风险的可能性。另一方面，使用程度要恰当。在面对可能对公众健康和环境产生严重的威胁时，预防性措施不可或缺，从而把风险控制在可以承受的最低水平，即使采取预防性措施的成本较为高昂。管制不足会导致严重的风险问题，但是过度管制也会带来新的问题。因此，在预警原则的实践中，需要采取针对性的、具体化的以及与危害程度保持相当力度的预防性措施，以便能有效治理不确定性风险。

鉴此，在转基因技术治理中，将应用"适度"预警原则——采取的预防措施不是"刚性的"而是"弹性的"，即能保持一定的张力。预警原则既是作为一个元规则而起着基本的规范作用，同时也是作为一个认识论规则和决策规则而对具体的转基因技术规制措施的制定产生影响力。"适度"预警原则意味着并不是要"一刀切"地取消而是有条件地推进某项行动，即在预警式评估的基础上，根据风险的认知水平、可能的伤害程度来采取恰到好处的预防性措施。在具体的转基因技术规制中，将充分考量转基因技术风险的特征："在界定破坏程度和发生概率时的确定度（degree of certainty）、普遍性（ubiq-

---

① 王耀东：《工程风险治理中的预防原则：困境与消解》，《自然辩证法研究》2012 年第 7 期。

uity）、持续性（persistency）、不可逆性（irreversibility）、延迟效应（delay effect）、潜在性（potential）。"① 在此基础上再根据斯蒂尔提出的知识—危害—措施分析框架，制定语境化的、差异性的以及适合需要的、合理的预防性措施。这样，就能充分把握好预警原则的"执行度"，即可以在保证风险优先于收益被考量的前提下，尽量做到与成本—收益原则相协调。如此，也就符合了预警原则的目的——是规制而不是禁止。"在特定情境中，应用预警性措施可以变限制性使用为基于需要地去监控影响或对产品进行标签或通过暂停来推迟有关行动。"②

综上所述，预警原则实际上是在回答面对诸如转基因技术等新兴技术的不确定性时，应该进行一个怎么样的合乎理性的规制。通过上面的分析不难看出，在转基因技术治理中，应用"温和的""适度的"预警原则不仅是必要的，而且也是可行的。这不仅能够彰显预警原则的核心价值以及促使预警原则成为一个积极的原则，而且也符合转基因技术规制的需要。因此，预警原则应该成为转基因技术治理所需要遵循的一个重要指导原则，由此，转基因技术政策范式也就应该实现这样的转变：从允许式走向预警式，即建构以预警原则为核心指导理念的预警式转基因技术政策具有合理性。

① Klaus Günter Steinhäuser, "Environmental Risks of Chemicals and Genetically Modified Organisms: A comparison—Part I: Classification and Characterisation of Risks Posed by Chemicals and GMOs", *Environmental Science and pollution research*, Vol. 8, No. 2, 2001.

② Anne Ingeborg Myhr and Terje Traavik, "The Precautionary Principle: Scientific Uncertainty and Omitted Research in The Context of GMO Use and Release", *Journal of Agricultural and Environmental Ethics*, Vol. 15, No. 1, 2002.

结　语

基于技术哲学、科学技术论等知识，笔者对转基因技术风险的不确定性及其治理问题开展了研究，获得了以下主要结论。

第一，从本体论视域对转基因技术进行一种内在性哲学研究具有重要性。基于亚里士多德的"四因说"，比较分析转基因技术与传统育种技术存在的"原因"后发现：在质料因上，传统育种技术是"选择"好的质料，而转基因技术是"制作"新的质料；在形式因上，传统育种技术是"改良"自然物种形式，而转基因技术是"创造"人工物种形式；在动力因上，在传统育种技术中人力是"助推力"，而在转基因技术中人力是"主导力"；在目的因上，在传统育种技术中内在的目的依然剩余不少，而在转基因技术中内在的目的正在被人类的外在的目的所取代。由此，转基因技术与传统育种技术在"存在之因"上具有本质性差异。沿着海德格尔的技术之思，追问转基因技术的本质后发现，农业社会的作物栽培是把自身展开于产出意义上的解蔽，作为现代技术的杂交技术与转基因技术是促逼式的解蔽。但是转基因技术的解蔽具有"强"促逼的特征：对作物的谋算更加精准，对作物的摆置更加有力，从而也就更能压榨和耗尽自然物种。杂交技术与转基因技术的本质是"座架"，但是转基因技术具有"硬"座架的特征：不仅使得更具限定和强制的订造成为可能，而且把作为持存物的作物更加牢牢地控制着。从克克李的"深"技术思想的角度看，相比于孟德尔遗传学，分子遗传学具有更强的解释力和更深的解释层次，是"深"理论；相比于杂交技术，转基因技术实现了对自然物种的"高"干预和"强"控制；相比于杂交作物，转基因作物具有"极高"的人工性、"极低"的自然性。由此，从技术的科学根源、技术控制自然的"强"度、技术人工物的人工性看，相比于传统育种技术，转基因技术具有"深"技术的本质特征。因此，从哲学的视角看，转基因技术与传统育种技术或方式具有本质性差异，转基因技术风险呈现出不确定性不仅与科学认识和评价的有限性有关，更与转基因技术的突破性、新颖性、特殊性等内在本质特征有关。

第二，"非自然性"是解析技术人工物本质的一个重要视角。技术人工物（包括非生命类的和生命类的）都是不自然的，笔者把这种去自然化的程度用"非自然性"这一概念来表示。因此，我们应该要从对技术人工物是否"自然"的追问转变到对其"非自然性"的分析，如此才能认识技术人工物的本体论特征和本体论差异。基于荷兰学派的"结构—功能"双重性理论，可以走向内在性的分析技术哲学路径，面向技术人工物本身，对其进行解构。技术人工物的制造是一个去"自然化"的过程，即"结构"在去"内在规范性"，"功能"在去"内在目的性"。技术人工物是自然性（物质性）和技术性（意向性）的统一体，这既体现在其"结构"中，也体现在其"功能"中。由此，技术人工物的"结构"是自然（内在）结构和人工（外在）结构的统一，"功能"是系统（内在）功能和专属（外在）功能的统一。一个技术人工物"结构"去"内在规范性"和"功能"去"内在目的性"的程度与人类意向性（技术的"深"度及其介入方式、程度、范围）有关。通过对生命类技术人工物的解构，发现在传统作物、杂交作物和转基因作物的"结构"形成和"功能"展现中，"技术性"在不断地增加而"自然性"在不断地减少，由此，这就表明转基因作物"结构"去"内在规范性"最多，"功能"去"内在目的性"最多，因此，转基因作物的"非自然性"最高。由于"非自然性"表征着技术人工物本性中"自然"和"技术"的差异性及其存在状态中"技术化存在身份"和"自然化存在身份"的差异性。因此，"非自然性"反映着传统作物、杂交作物、转基因作物的本体论身份，如此，"非自然性"也就构成了三者之间的本体论差异。而技术人工物的"非自然性"越高则意味着其结构和功能的建构性越强，如此也就增加了其结构和功能之间内在的不确定性，从而也就增加了其可能蕴含的风险。所以，转基因技术风险不确定性与转基因技术的本质有关，具有内在的本体论上的原因，而这根源就是其"极高的非自然性"。

第三，在新兴技术时代，需要建构一种新的技术治理路径。在技术进步的推动下，人类的造物能力越来越强：从造"弱"人类意向性的人工物到造"强"人类意向性的人工物，从造"低"非自然性的人工物到造"高"非自然性的人工物。未来，随着生物技术、信息技术、人工智能技术、新材料技术等新兴技术的汇聚，技术对自然的干预会越来越有力，把自然的转变为人工的过程中，人类的意向性会越来越凸显，所制造的技术人工物（包括非生命类的和生命类的）的"非自然性"会越来越高。由此，人的在世性变成了技术性，人的外在世界变成了技术世界。但是，技术在为人类创造一个丰富多彩的人工世界的同时，也带来了前所未有的不确定性。所以，斯蒂格勒指出："技术既是人类自身的力量也是人类自我毁灭的力量。"① 对此，我们需要反思自身的造物行为：造了什么样的技术人工物、产生了什么样的影响、应该造什么样的技术人工物，从而走向一种负责任的技术创新——造物要有边界和限度，在"自然的"与"人工的"之间保持一定的张力，即制造具有"适度"非自然性的技术人工物。但是，在新兴技术时代，仅仅如此是不够的。因为新兴技术具有彻底的新颖性，其蕴含的一些不确定性风险很难在造物过程中被评估和规避，而且其具有的很多不确定性风险是技术人工物在应用语境中才显现出来的，所以，还需要走向一种负责任的技术治理——对所造的技术人工物进行合理规制。如此，在新兴技术时代，我们才能为自身构建一种可持续的生存方式。

当前，作为新兴技术的转基因技术面临着严重的公信力危机。这是由转基因技术内在的风险不确定性引发的，同时更是由后信任社会下专家系统可信性的丧失以及转基因技术治理路径的失当性所导致的。建立在专家系统权威性、可靠性和科学例外论基础上的转基因技术治理的传统理路——技治主义，存在着严重不足：未能对转基因技术风险做出客观、公正的判断，忽视了公众参与的价值，未能对不确定性风险做出预警，等等。对此，需要对转基因技术治理模式进行变革，推进两个治理范式的转变，从而建构一种新的治理路径。一是推进转基因技术评价、决策范式的转变——超越技治主义。这不仅需要重新审视专家专长——通过扩大核心层以挖掘可贡献型专长，发挥互动性专长的作用，从而合理彰显专家专长的理性价值，以及对专家角色进行重新定位，使之成为政策选择的诚实代理人，而且还需要走向"适度"公民科学，从政治层面（公共协商）和知识论层面（知识共生）助推技术治理的合法性。因此，在转基因技术评价和决策中，不仅需要从技术专断转向

---

① ［法］贝尔纳·斯蒂格勒：《技术与时间——爱比米修斯的过失》，裴程译，译林出版社2000年版，第100页。

技术民主、从封闭科学走向开放科学，而且需要重新审度和重构科学与社会、专家与公众以及专家专长与公众专长、专家判断与公众观点之间的关系。二是推进转基因技术产业化政策范式的转变——走向预警式政策模式。允许式政策模式基于实证主义科学观和可靠科学原则，把科学确定性作为采取预防性措施的前提，因此，这种事后补救式的风险治理方式显然无法应对转基因技术的不确定风险。而预警式政策模式遵循预警原则的价值观：安全比遗憾更重要、事先防范而不是事后补救、风险优先于收益被考量下注重与成本—收益原则的协调。由此，尽管存在科学不确定性，但是面对转基因技术可能产生严重的、不可逆的风险，该政策模式持谨慎行事原则，强调应该采取积极的预防性措施。而且，预警式政策模式会根据知识—危害—措施分析框架，制定语境化的、差异性的预防性措施，从而保持风险规避行动的"弹性"和"适度"，这样就能在防范转基因技术风险的同时，并没有安全忽视转基因技术的可能收益。因此，从允许式政策模式走向预警式政策模式，是转基因技术治理路径变革需要实现的第二个范式转变。

主要参考文献

中文文献

著作

李伯聪:《工程哲学引论》,大象出版社 2002 年版。

李秋零主编:《康德著作全集》(第 4 卷),中国人民大学出版社 2013 年版。

李秋零主编:《康德著作全集》(第 5 卷),中国人民大学出版社 2013 年版。

李浙生:《遗传学中的哲学问题》,中国社会科学出版社 2014 年版。

刘大椿、刘永谋:《思想的攻防——另类科学哲学的兴起和演化》,中国人民大学出版社 2010 年版。

苗力田等:《西方哲学史新编》,人民出版社 1990 年版。

苗力田主编:《亚里士多德全集》(第一卷),中国人民大学出版社 1990 年版。

苗力田主编:《亚里士多德全集》(第二卷),中国人民大学出版社 1991 年版。

苗力田主编:《亚里士多德全集》(第八卷),中国人民大学出版社 1992 年版。

沈平、黄昆仑:《国际转基因生物食用安全检测及其标准化》,中国物资出版社 2010 年版。

吴国盛:《技术哲学讲演录》,中国人民大学出版社 2009 年版。

谢平:《进化理论之审读与重塑》,科学出版社 2016 年版。

薛达元:《转基因生物环境影响与安全管理——南京生物安全国际研讨会论文集》,中国环境科学出版社 2006 年版。

曾北危:《转基因生物安全》,化学工业出版社 2004 年版。

赵兴绪：《转基因食品生物技术及其安全评价》，中国轻工业出版社 2009 年版。

译著

［英］安东尼·吉登斯：《现代性的后果》，田禾译，译林出版社 2011 年版。

［英］安东尼·吉登斯：《现代性与自我认同：晚期现代中的自我与社会》，夏璐译，中国人民大学出版社 2016 年版。

［荷兰］安东尼·梅耶斯：《技术与工程科学哲学》（上），张培富等译，北京师范大学出版社 2015 年版。

［荷兰］安东尼·梅耶斯：《技术与工程科学哲学》（中），张培富等译，北京师范大学出版社 2015 年版。

［葡］安吉拉·吉马良斯·佩雷拉、［英］西尔维奥·芬特维兹：《为了政策的科学：新挑战与新机遇》，宋伟等译，上海交通大学出版社 2015 年版。

［法］贝尔纳·斯蒂格勒：《技术与时间——爱比米修斯的过失》，裴程译，译林出版社 2000 年版。

［美］比尔·麦克基本：《自然的终结》，孙晓春、马树林译，吉林人民出版社 2000 年版。

［美］伯纳德·巴伯：《信任：信任的逻辑与局限》，牟斌等译，福建人民出版社 1989 年版。

［美］布鲁斯·史密斯：《科学顾问：政策过程中的科学家》，温珂等译，上海交通大学出版社 2010 年版。

［英］大卫·丹尼：《风险与社会》，马缨等译，北京出版社 2009 年版。

［美］丹尼尔·李·克莱曼：《科学技术在社会中：从生物技术到互联网》，张敦敏译，商务印书馆 2009 年版。

［美］兰登·温纳：《自主性技术——作为政治思想主题的失控技术》，杨海燕译，北京大学出版社 2014 年版。

［美］卡尔·米切姆：《通过技术思考：工程与哲学之间的道路》，陈凡等译，辽宁人民出版社 2008 年版。

［英］菲利普·基切尔：《科学、真理与民主》，胡志强等译，上海交通大学出版社 2015 年版。

［美］费雷德里克·费雷：《技术哲学》，陈凡、朱春艳译，辽宁人民出

版社 2015 年版。

[美] 弗朗西斯·福山:《信任:社会美德与创造经济繁荣》,郭华译,广西师范大学出版社 2016 年版。

[德] 冈特·绍伊博尔德:《海德格尔分析新时代的科技》,宋祖良译,中国社会科学出版社 1993 年版。

[瑞士] 海尔格·诺夫特尼等:《反思科学——不确定性时代的知识与公众》,冷民等译,上海交通大学出版社 2011 年版。

[德] 海德格尔:《林中路》,孙周兴译,上海译文出版社 2004 年版。

[德] 海德格尔:《路标》,孙周兴译,商务印书馆 2000 年版。

[德] 海德格尔:《演讲与论文集》,孙周兴译,生活·读书·新知三联书店 2005 年版。

[荷兰] 汉斯·拉德:《科学实验哲学》,吴彤等译,科学出版社 2015 年版。

[美] 汉娜·阿伦特:《人的境况》,王演丽译,上海世纪出版集团 2009 年版。

[德] 汉斯·约纳斯:《技术、医学与伦理学——责任原理的实践》,张荣译,上海译文出版社 2008 年版。

[法] 亨利·柏格森:《创造进化论》,姜志辉译,商务印书馆 2004 年版。

[美] 杰里米·里夫金:《生物技术世纪:用基因重塑世界》,付立杰等译,上海科技教育出版社 2000 年版。

[美] 凯斯·R. 桑斯坦:《恐惧的规则——超越预防原则》,王爱民译,北京大学出版社 2011 年版。

[美] 希拉·贾萨诺夫等:《科学技术论手册》,盛晓明等译,北京理工大学出版社 2004 年版。

[美] 希拉·贾萨诺夫:《第五部门:当科学顾问成为政策制定者》,陈光译,上海交通大学出版社 2011 年版。

[美] 希拉·贾萨诺夫:《自然的设计:欧美的科学与民主》,尚智丛、李斌等译,上海交通大学出版社 2011 年版。

[英] G. E. R. 劳埃德:《早期希腊科学》,孙小淳译,上海世纪出版集团 2015 年版。

[美] 理查德·沃林:《存在的政治——海德格尔的政治思想》,周宪、